Cesary Afeltowicz

Wirtschaftlichkeit und Wirkungsweise silikonbasierter Unterwasseranstriche

Cesary Afeltowicz

Wirtschaftlichkeit und Wirkungsweise silikonbasierter Unterwasseranstriche

ISBN/EAN: 9783954271375
Erscheinungsjahr: 2012
Erscheinungsort: Bremen, Deutschland

© maritimepress in Europäischer Hochschulverlag GmbH & Co. KG, Fahrenheitstr. 1, 28359 Bremen. Alle Rechte beim Verlag und bei den jeweiligen Lizenzgebern.
www.maritimepress.de | office@maritimepress.de

Bei diesem Titel handelt es sich um den Nachdruck eines historischen, lange vergriffenen Buches. Da elektronische Druckvorlagen für diese Titel nicht existieren, musste auf alte Vorlagen zurückgegriffen werden. Hieraus zwangsläufig resultierende Qualitätsverluste bitten wir zu entschuldigen.

Cesary Afeltowicz

Wirtschaftlichkeit und Wirkungsweise silikonbasierter Unterwasseranstriche

All ships were covered with a mixture of tallow and pitch in hope of discouraging barnacles and teredo, and every few months a vessel had to be hoed down and graven on some convenient beach.

Christoph Kolumbus (1451-1506)
Italienischer Seefahrer

Wirkungsweise und Wirtschaftlichkeit von silikonbasierten Antifoulings
(*Mode of action and economic efficiency of silicone-based antifoulings*)

Zusammenfassung

Schiffsrümpfe sind als Hartsubstrate dem Bewuchs ausgesetzt, der den Reibungswiderstand erhöht und somit einen höheren Leistungsbedarf des Schiffes zur Folge hat. Um Bewuchs zu bekämpfen werden sog. Antifoulinganstriche eingesetzt, die mit toxischen Substanzen versetzt, die Organismen abtöten oder von der Ansiedlung abschrecken. Neueste Entwicklungen gehen in Richtung silikonbasierter biozidfreier Systeme, die einen erheblichen finanziellen Mehraufwand erfordern, jedoch einen starken, langzeitig bewuchshemmenden Effekt versprechen. Mit Silikonfarben ist außerdem, durch ihren glättefördernden Charakter, mit Brennstoffersparnissen gegenüber erodierenden Antifoulings zu rechnen. Das Ziel dieser Ausarbeitung ist eine betriebswirtschaftliche Kosten-Nutzen-Analyse und eine ökologische Bewertung von Silikonanstrichen am Beispiel von Referenzschiffen aufzustellen. Dabei wurden nicht nur die Material- und die Anbringungskosten, sondern auch die Wirkungsprinzipien, die Wirksamkeit, die notwendige Technologie sowie die zu erwartenden Schwierigkeiten bei der Aufbringung silikonbasierter Anstrichsysteme untersucht. Unter Berücksichtigung der Problematik von Bewuchs wurden auch die technisch-wirtschaftlich-ökologischen Aspekte anderer existierenden Antifoulingsysteme gegenüberstellend analysiert. Es konnte explizit gezeigt werden, daß insbesondere für größere Handelsschiffe, ein Anwenden von Silikonfarben sinnvoll erscheint und die Brennstoffersparnisbeträge die Investitionskosten um ein Mehrfaches übersteigen.

Abstract

The underwater parts of ships are encounter of fouling, that increase the frictional resistance and thereby the demand for power. In order to keep the hull in an acceptable condition special paints, called antifoulings are used. Conventional antifoulings are assembled with toxically biocides that deter or kill the fouling organisms. Latest researches using silicone based, biocide free antifouling systems (*foul-release-coatings*) are being conducted. *FRC* promises excellent and durable performance against fouling but results high costs. Silicone coatings provide non-stick and foul-release characteristics, so fuel savings can be achieved. The overall aim of this investigation is to supply a cost-benefit-calculation between the additional costs and fuel savings, also analysis of ecological advantage on example of existing ships. By studying the costs for material and application, the mode of operation, the effectiveness against fouling and the problems by application of silicone paints a new course of action for charter transactions can be defined. To give a comparison to other antifouling systems, these were analysed for their technical, economical and ecological advantages and disadvantages. The analysis of the data showed that, especially for large merchant vessels, a reduction of total cost caused by fuel saving due to the lower resistance is the result. This savings generally surmount the costs of investment in multiple amounts.

1.	Einleitung	1
1.1	Hintergrund	1
1.2	Fragestellung und Zielsetzung	2
1.3	Kosten-Nutzen-Analyse an realen Referenzschiffen	3
2.	Bekämpfung von Bewuchs auf seegehenden Schiffen	5
2.1	Historische Entwicklung von Antifouling	5
2.2	Fouling in der Schiffahrt	5
2.2.1	Rahmenbedingungen zum Auftreten von Bewuchs	6
2.2.2	Bewuchsorganismen und deren Eigenschaften	8
2.3	Tributylzinn und andere Biozide in der Bewuchsbekämpfung	9
2.3.1	Umweltverträglichkeit der Tributylzinn-Kopolymere	9
2.3.2	Gesetzeslage und Richtlinien gegen Biozide in Unterwasseranstrichen	10
2.4	Übersicht über biozidhaltige und biozidfreie Antifoulingsysteme	12
2.5	Biozide, organische Biozide und Enzyme als Schutzmechanismen	13
2.6	Biozidhaltige Antifoulingsysteme	14
2.6.1	Konventionell erodierende Antifoulings (CDP)	14
2.6.2	Selbstglättend selbstpolierende Antifoulings (SPC)	15
2.6.3	Hybride selbstpolierende Antifoulings (Hybride-SPC)	16
2.6.4	Kontakt-Leaching-Hartantifoulings	17
2.7	Biozidfreie Antifoulingsysteme	17
2.7.1	Erodierende biozidfreie Antifoulings	17
2.7.2	Nicht erodierende Antifoulings	17
2.7.2.1	Antihaftbeschichtungen auf Silikonbasis	17
2.7.2.2	Antihaftbeschichtungen auf Teflonbasis	18
2.7.2.3	Selbstreinigende Antihaftoberflächen	18
2.7.2.4	Weitere Antihaftbeschichtungen	18
2.7.3	Alternative Bewuchsschutzmaßnahmen	19
2.7.3.1	Elektrochemischer Bewuchsschutz	19
2.7.3.2	Bewuchsschutz durch Ultraschall, ultraviolette Strahlung und Erwärmung	19
2.7.3.3	Imitationen der Natur	19
2.7.3.4	Weitere Möglichkeiten des Bewuchsschutzes	20
3.	Theoretische Grundlagen zur Leistung und Widerstand	21
3.1	Leistung eines Schiffes	21
3.2	Widerstand eines Schiffes	22
3.2.1	Gesamtwiderstand und seine Teilkomponenten	22
3.2.2	Auswirkungen der Rauhigkeitszunahme auf den Schiffswiderstand	24
3.2.2.1	Mittlere Rauhigkeit, durchschnittliche Rauhigkeit und Rauhigkeitsmessung	27
3.2.2.2	Physikalische Rauhigkeit	27
3.2.2.3	Biologische Rauhigkeit	28
3.3	Theoretische Grundlagen zur Entstehung des Reibungswiderstandes	30
3.3.1	Grundlagen der Grenzschichttheorie	30
3.3.2	Grenzschichtströmungen	31
3.3.3	Bestimmung des Rauhigkeitszusatzwiderstandes	33
3.3.3.1	Rauhigkeitszusatzwiderstand nach 15th ITTC 1978	33
3.3.3.2	Rauhigkeitszusatzwiderstand nach 17th ITTC 1984	34
3.3.3.3	Rauhigkeitszusatzwiderstand nach Townsin	35

3.4	Leistungsdiagnose in Abhängigkeit von physikalischer Rauhigkeit	36
3.4.1	Folgen der Rauhigkeitserhöhung für den Schiffsbetrieb	36
3.4.2	Fall 1: Leistungsbedarfsteigerung bei konstanter Geschwindigkeit	37
3.4.3	Fall 2: Geschwindigkeitsverlust beim konstanten Leistungsbedarf	38
4.	**Silikonbasierte Antifoulings (FRC)**	**41**
4.1	Silikontechnologie als ökologische und ökonomische Alternative	41
4.2	Eigenschaften von Silikonbeschichtungen	42
4.2.1	Niedrige Oberflächenspannung bzw. geringe freie Oberflächenenergie	42
4.2.2	Geringe physikalische Rauhigkeit	44
4.2.3	Frei von Tributylzinn und von metallischen Bioziden	47
4.2.4	Niedriger Anteil an flüchtigen organischen Verbindungen	48
4.2.5	Lange Lebensdauer	48
4.2.5.1	Niedrigere Kosten wegen allgemein längerer Lebensdauer	48
4.2.5.2	Verlängerung der Trockendockintervalle?	49
4.2.6	Geringes Gewicht und niedriger Farbmaterialbedarf	51
4.2.7	Niedriger Reparatur- und Wartungsaufwand	51
4.2.8	Hohe Materialkosten und hoher Applikationsaufwand	52
4.2.9	Geringer Widerstand gegen mechanische Beschädigungen	53
4.2.10	Mindestanforderungen an Geschwindigkeit und Aktivität	54
4.2.11	Ökologische Verträglichkeit	55
5.	**Rahmenbedingungen der Kosten-Nutzen-Kalkulationen**	**56**
5.1	Betriebsformen der Schiffahrt	56
5.1.1	Charterarten	57
5.1.1.1	Reisecharter	57
5.1.1.2	Befrachtungscharter	57
5.1.1.3	Bareboat-Charter	57
5.1.1.4	Zeitcharter	57
5.1.2	Container-Linienschiffahrt	58
5.2	Beweggründe für das Anbringen einer Silikonbeschichtung	59
5.2.1	Umwelttechnische Vorteile	60
5.2.2	Wirtschaftliche Vorteile	60
5.2.3	Finanzielle Zuständigkeiten der Chartervertrag-Parteien	61
5.2.4	Problematik der Finanzierung einer Silikonbeschichtung	62
5.3	Randbedingungen der untersuchten Fälle	63
5.3.1	Charterdauer	64
5.3.2	Dockingsintervalle und Touch-up-Rate	64
5.3.3	Geschwindigkeiten und Brennstoffverbrach	64
5.3.4	Aktivität	65
5.3.5	Brennstoffpreis	65
5.3.6	Kosten für das Anbringen eines Antifoulinganstriches	66
5.3.6.1	Dockungs-, Arbeits- und Werftkosten für die Oberflächenbehandlung	66
5.3.6.2	Farb- und Materialkosten	68
5.3.6.3	Kosten des Betriebausfalls eines Schiffes	68
5.3.7	Theoretische Ersparnisrate beim Transport von weniger Materialgewicht	69
5.3.8	Brennstoffersparnisrate gegenüber konventionellen Antifoulings	69
6.	**Ergebnisse der Kosten-Nutzen-Betrachtungen**	**73**
6.1	Kosten der Anbringung einer Außenhautbeschichtung	73
6.1.1	Kosten für ein Neusystem	73
6.1.2	Kosten für die Erneuerung des bestehenden Systems	75
6.1.3	Kosten der Umstellung eines *CDP/SPC*-Systems auf *FRC*-Technologie	77
6.2	Brennstoffersparnisse durch reduzierten Reibungswiderstand	79
6.2.1	Kalkulation der Ersparnisse aus dem verminderten Brennstoffbedarf	79
6.2.2	Validierung der Ersparnisse aus dem verminderten Brennstoffbedarf	81

6.3	**Kosten-Nutzen-Analyse**	**82**
6.3.1	Kosten-Nutzen-Kalkulation bei Neusystemen	82
6.3.2	Kosten-Nutzen-Kalkulation bei einer Systemumstellung	84
7.	**Ergebnisdiskussion und Auswertung**	**86**
7.1	**Ergebnisdiskussion der Kosten-Nutzen-Betrachtungen**	**86**
7.1.1	Ergebnisauswertung der Kosten-Nutzen-Betrachtung für Neusysteme	86
7.1.2	Ergebnisauswertung der Kosten-Nutzen-Betrachtung für Systemwechsel	86
7.2	**Handlungsgrundlagen für das Charter-Vertragsverhältnis**	**87**
8.	**Zusammenfassung und Ausblick**	**90**
9.	**Anhang**	**92**
9.1	**Symbolverzeichnis**	**92**
9.2	**Abkürzungsverzeichnis**	**93**
9.3	**Begriffsdefinition**	**94**
9.4	**Abbildungsverzeichnis**	**98**
9.5	**Tabellenverzeichnis**	**101**
9.6	**Literaturrecherche und Informationssammlung**	**102**
9.7	**Danksagung**	**103**
10.	**Literatur- und Quellenverzeichnis**	**104**

INDEX of CONTENTS

	Abstarct	01
1.	Introduction	1
1.1	Background description	1
1.2	Questions and main goals of the elaboration	2
1.3	Costs-benefit analysis on real ships	3
2.	Abatement of fouling on seagoing vessels	5
2.1	Historical development of antifouling	5
2.2	Fouling in the maritime navigation	5
2.2.1	General conditions for the occurence of fouling	6
2.2.2	Fouling organisms and their biological properties	8
2.3	Tributyltin and other biocides in the abatement of fouling	9
2.3.1	Environmental compatibility of tributyltin-copolymers	9
2.3.2	Acts and guidelines against biocides in ship coatings	10
2.4	General view of biocide and biocide-free antifouling systems	12
2.5	Biocides, organic biocides and enzyme as protection against fouling	13
2.6	Biocide antifouling systems	14
2.6.1	Controlled depletion polymer antifoulings, CDP	14
2.6.2	Self polishing copolymer antifoulings, SPC	15
2.6.3	Hybrid self polishing copolymer antifoulings, Hybrid-SPC	16
2.6.4	Contact-leaching antifoulings	17
2.7	Biocide-free antifouling systems	17
2.7.1	Eroding biocide-free antifoulings	17
2.7.2	Non-eroding antifoulings	17
2.7.2.1	Silicone-based non-stick antifoulings, FRC	17
2.7.2.2	Teflon-coated non-stick antifoulings	18
2.7.2.3	Self-cleaning non-stick surfaces	18
2.7.2.4	Other non-stick antifoulings	18
2.7.3	Alternative protection mechanisms against fouling	19
2.7.3.1	Electrochemical protection against fouling	19
2.7.3.2	Protection against fouling with supersonic, ultraviolet radiation and heating	19
2.7.3.3	Imitations of nature	19
2.7.3.4	Other eventualities of protection against fouling	20
3.	Theoretical fundamentals of engine power and ship resistance	21
3.1	Effective engine power	21
3.2	Resistance of a ship	22
3.2.1	Total resistance and their components	22
3.2.2	Consequence of increased roughness for the ship resistance	24
3.2.2.1	Modal Hull Roughness, Average Hull Roughness and measurement of roughnes	27
3.2.2.2	Physical roughness	27
3.2.2.3	Biological roughness	28
3.3	Theoretical fundamentals of development of frictional resistance)	30
3.3.1	Basics of the boundary-layer theory	30
3.3.2	Flow in the boundary-layer	31
3.3.3	Determination of the additional frictional resistance	33
3.3.3.1	Additional frictional resistance from 15th ITTC 1978	33
3.3.3.2	Additional frictional resistance from 17th ITTC 1984	34
3.3.3.3	Additional frictional resistance from Townsin	35

INDEX of CONTENTS

3.4	Analysis of ship power against physical roughness	36
3.4.1	Consequences of the increase of roughness for the ship operation	36
3.4.2	Case 1: Increased demand of power by continous speed	37
3.4.3	Case 2: Lose of speed by constant supply of power	38
4.	**Silicone-based antifoulings, Foul Release Coatings -FRC**	**41**
4.1	Silicone-technology as a ecological and economical alternative	41
4.2	**Properties of silicone-based coatings**	**42**
4.2.1	Low surface energy	42
4.2.2	Low physical roughness	44
4.2.3	Free of tributyltin and other metalic biocides	47
4.2.4	Low proportion of volatile organic compounds	48
4.2.5	Long economic life-span	48
4.2.5.1	Low costs due of generaly long life-span	48
4.2.5.2	Extension of dry-dock intervals?	49
4.2.6	Low weight and low demand of material	51
4.2.7	Low expense for maintenance and repairs	51
4.2.8	High material costs and high effort by application	52
4.2.9	Low resistance against mechanical damage	53
4.2.10	Demand of minimum speed and ship activity	54
4.2.11	Ecological compatibility	55
5.	**Basic conditions for the cost-benefit calculation**	**56**
5.1	**Modes of operation in the merchant navigation**	**56**
5.1.1	Forms of charter	57
5.1.1.1	Voyage charter	57
5.1.1.2	Contract of affreightment	57
5.1.1.3	Bareboat charter	57
5.1.1.4	Time charter	57
5.1.2	Liner trade in the container shipping	58
5.2	**Incitements for application of silicone-based antifoulings**	**59**
5.2.1	Ecological advantages	60
5.2.2	Economical advantages	60
5.2.3	Financial responsibilities of contractual partners	61
5.2.4	Complex of problems for financing of silicone-based antifoulings	62
5.3	**Basic conditions for the researched examples**	**63**
5.3.1	Period of charter	64
5.3.2	Dry-dock intervals and rate of touch-up	64
5.3.3	Speed and fuel oil consumption	64
5.3.4	Activity	65
5.3.5	Price of fuel oil	65
5.3.6	Costs for the application of antifouling	66
5.3.6.1	Costs of docking, labour- and shipyard costs for the preparation of the surface	66
5.3.6.2	Costs of material and additional equipmment	68
5.3.6.3	Costs for off-hire during docking	68
5.3.7	Theoretical savings due of transport of less weight	69
5.3.8	Saving rate compared to conventional antifoulings	69
6.	**Results of the cost-benefit calculation**	**73**
6.1	**Costs for the application of antifouling**	**73**
6.1.1	Costs for a newbuilding system	73
6.1.2	Costs of a renewal of an existing system	75
6.1.3	Costs for changeover from CDP/SPC to FRC-Technology	77
6.2	**Fuel oil savings due to reduced frictional resistance**	**79**
6.2.1	Calculation of savings due to less demand of fuel oil	79
6.2.2	Validation of savings due to less demand of fuel oil	81

INDEX of CONTENTS

6.3	**Cost-benefit analysis**	**82**
6.3.1	Cost-benefit analysis for newbuildings	82
6.3.2	Cost-benefit analysis for a changeover of the technology	84
7.	**Discussion and evaluation of the results**	**86**
7.1	**Discussion of the cost-benefit analysis**	**86**
7.1.1	Evaluation of cost-benefit calculation for newbuildings	86
7.1.2	Evaluation of cost-benefit calculation for changeover of antifouling system	86
7.2	**Fundamental starting points for negotiations between contractual partners**	**87**
8.	**Summary and outlook for the future**	**90**
9.	**Addendum**	**92**
9.1	**Index of symbols**	**92**
9.2	**Index of abbreviations**	**93**
9.3	**Index of terms**	**94**
9.4	**Index of figures**	**98**
9.5	**Index of tables**	**101**
9.6	**Literature research and operation breakdown**	**102**
9.7	**Acknowledgment**	**103**
10.	**References**	**104**

Kapitel 1   *EINLEITUNG*
(Intorduction)

1. Einleitung
(Introduction)

1.1 Hintergrund
(Background description)

Ein wirtschaftlich rationeller Betrieb eines Schiffes hängt in einem großen Maße vom Zustand seiner Außenhaut ab. Durch pflanzlichen oder tierischen Bewuchs (Fouling) aber auch durch das Alter und die Qualität der Farbe steigt die Rauhigkeit des Unterwasserschiffes und erhöht den Widerstand. Wächst der reibungsbedingte Widerstand, so nehmen der Leistungs- und damit auch der Brennstoffbedarf zu. Um die Ansiedlung von Organismen an der Außenhaut zu bekämpfen und diese glatt zu halten, werden spezielle, mit toxischen Substanzen versetzte, Farben sog. Antifoulings eingesetzt. Die Wirkungsweise dieser Anstriche basiert darauf, daß sie sich abbauen und giftige Stoffe (Biozide) in die Umgebung freisetzen, mit denen die Bewuchsorganismen abgeschreckt oder abgetötet werden. Durch die Eigenschaft der Erosion ist die Lebensdauer der konventionellen Farben zeitlich begrenzt und ihre Wirksamkeit läßt mit der Zeit nach. Diese Antifoulings müssen unter einem hohen finanziellen Aufwand für Material, Dockaufenthalt, Untergrundvorbereitung und Aufbringung, unter Außerdienststellung und mit damit verbundenen Erlösausfällen regelmäßig erneuert werden.
Mit der neuesten Technologie der Farbindustrie, den Außenhautanstrichen auf Silikonbasis, wird eine effektive, biozidfreie Alternative angeboten, die nicht nur einen langzeitigen Schutz gegen Fouling gewährleistet, sondern auch einen glättefördernden und somit brennstoffmindernden Effekt verspricht. Die Silikonanstriche können nur unter einem erheblich gesteigerten finanziellen Aufwand appliziert werden, von Seiten der Hersteller wird jedoch ein Kapitalrückfluß und Gewinn in Form von Brennstoffersparnissen zugesichert. Bei den potentiellen Nutzern stellt sich die Frage, ob und wann sich Aufwand und Nutzen derartiger Systeme in einem wirtschaftlich vertretbaren Verhältnis befinden. Die Problematik der Erst- und Folgeaufbringung, die dazu notwendige Technologie wie auch das noch wenig ausgeprägte Know-how der Reparaturwerften sind Gründe die eine Entscheidung für diese Technologie komplizieren. Ein weiterer erschwerender Aspekt dieser Fragestellung ist, daß die Investition und der kommerzielle Nutzen oft nicht in einer Hand liegen und somit einzelwirtschaftlich theoretisch leicht zu treffende Entscheidungen zu langwierigen Überlegungen führen. Der Vercharterer ist für einen, in seiner Performance gegen Bewuchs ausreichenden, Unterwasseranstrich verantwortlich und wird stets die günstigere Alternative bevorzugen. Dadurch werden dem Brennstoffinazier, dem Charterer, indirekt hohe Mehrkosten in Form von gesteigertem Brennstoffbedarf verursacht. Der Charterer wiederum wird die ihm nicht zustehenden Zusatzkosten für einen Silikonanstrich kaum übernehmen wollen, solange ihm nicht ein eindeutiger finanzieller Vorteil in Aussicht gestellt wird. Dieser soll, nach Aussagen der Hersteller, die Investitionskosten schon innerhalb einer Dockungsperiode um ein Mehrfaches übersteigen.
Das Ziel dieser Untersuchung ist nicht nur eine betriebswirtschaftliche Kosten-Nutzen-Analyse für Silikonanstriche aufzustellen, sondern auch die ökologischen und technischen Aspekte dieser Technologie zu hinterfragen. Dabei soll, ausgehend von einer technisch-wirtschaftlich-ökologischen Betrachtung der Problematik von Bewuchs und von bereits existierenden Systemen, die Wirkungsweise, die Art und die Effektivität von Silikonanstrichen in der Bewuchsbekämpfung analysiert werden.

1.2 Fragestellung und Zielsetzung
(Questions and main goals of the elaboration)

Eine aussagekräftige Wirtschaftlichkeitsbewertung von bewuchshemmenden, silikonbasierten Technologien hängt von vielen voneinander unabhängigen Faktoren ab. Bezogen auf ein Betrieb „Schiff" sollten diese Variablen zusammengefaßt werden, um eine möglichst objektive Handlungsempfehlung aussprechen zu können.

Die Strukturen der Vertragsverhältnisse zwischen dem Vercharterer[1] und dem Charterer, die vielen Faktoren der Erst- und Folgeaufbringung und deren Technologie, die ökologischen und wirtschaftlichen Vor- und Nachteile, nicht zuletzt die Wirkungsweise und Wirksamkeit silikonbasierter Anstrichsysteme sind eine Fülle von größtenteils einzelnen und nur für sich zu beurteilenden Aspekten. Es ist auch denkbar, daß erst mehrere Faktoren gemeinsam, obgleich sie unabhängig voneinander existieren, eine tendenzielle Handlungsrichtung vorgeben. Welche Gewichtung und Priorität ihnen im Rahmen eines Entscheidungsprozesses zugeordnet wird, sei es in wirtschaftlicher, ökologischer oder in rahmenbedingt gesetzlicher Hinsicht, hängt letztendlich von jedem Verantwortlichen für sein Schiff einzeln ab.

Um einen Einblick in die Thematik zu bekommen und um eine aussagekräftige Handlungsempfehlung für Schiffsbetreiber mit Berücksichtigung der Kosten- und Nutzenfaktoren zu bekommen, sollten folgende Punkte behandelt werden:

- ✓ Überblick über die technisch-wirtschaftlich-ökologische Problematik von Bewuchs
- ✓ Existierende bewuchshemmende Systeme/Maßnahmen bei Seeschiffen
- ✓ Wirkungsprinzipien, Art und Wirksamkeit silikonbasierter Anstrichsysteme
- ✓ Problematik der Erst- und Folgeaufbringung und die notwendige Technologie
- ✓ Ökologische Bewertung
- ✓ Betriebswirtschaftliche Kosten-Nutzen-Analyse
- ✓ Problematik und Handlungskonzept für Vertragsverhältnis Vercharterer-Charterer

Die derzeit noch kaum vorhandenen praktischen Erfahrungen mit Silikonanstrichen, bzw. die kaum zur Verfügung stehenden Daten einiger in dieser Technologie erfahrener Eigner/Betreiber/Reeder, erfordern von einem Interessenten eine umfassende Auseinandersetzung mit sämtlichen Aspekten dieser Problematik. Dieses Buch soll einen Einblick in die vielfältigen Faktoren liefern und soll als erster Schritt bei Entscheidungsprozessen, für oder gegen eine Silikonbeschichtung herangezogen werden. Die Erweiterung dieser Ausführungen mit Informationen aus dem Betrieb von Schiffen mit Silikonbeschichtungen, deren Performance gegen Bewuchs mit daraus resultierenden Vor- und Nachteilen ist nicht nur wünschenswert, sondern dringend erforderlich, um die getroffenen Aussagen zu validieren und gegebenenfalls zu präzisieren.

Die positiven Effekte dieser Technologie auf weitere Nutzungspotentiale (Propeller-, Ruderbeschichtungen, stationäre Anlagen, sehr langsame Schiffe etc.) zu übertragen, sollte ein weiteres Ziel der Forschung und Weiterentwicklung von Silikonanstrichen darstellen.

---

[1] Vercharterer kann ein Schiffseigner, eine Reederei, eine Gesellschaft sein, die ein Schiff einem Nutzer (Charterer) je nach Art der Charter zur Verfügung stellt.

Kapitel 1   *EINLEITUNG*
                       (Intorduction)

1.3 Kosten-Nutzen-Analyse an realen Referenzschiffen
(Costs-benefit analysis on real ships)

Die Kosten-Nutzen-Analyse wird an reale Bedingungen geknüpft. Die Optimierung der operativen Kosten und damit die Minimierung der Ausgaben, insbesondere der Brennstoffkosten, stehen im Vordergrund der wirtschaftlichen Betrachtungen eines Betreibers. In Abhängigkeit von Charterbedingungen und Eigentumsrechten können die Kosten-Nutzen-Aspekte in unterschiedlicher Obhut liegen und somit für technisch-ökonomisch relativ leichte Entscheidungsprozesse eine große Hürde darstellen. Anhand realistischer Charterbedingungen sollen Lösungsvorschläge gezeigt werden, in denen für die Eigner (Anteilseigener einer Beteiligungsgesellschaft), für den technischen Betreiber (Vercharterer) und für den kommerziellen Nutzer (Charterer) ein Vorteil resultiert.

Weitere Aspekte wie Reparatur- und Materialkosten, Dockungszeiten, Charterraten, Brennstoff- und Schmierölkosten etc. sind Variablen, die in einer Kostenanalyse eine entscheidende Rolle spielen. Sie unterliegen oft Faktoren, auf die eine Reederei kaum Einfluß nehmen kann. Aus diesem Grund werden in dieser Ausarbeitung die momentan aktuellen Daten hinzugezogen, deren Definition in späteren Kapiteln vorgenommen wird. Bei eventuellen späteren Nachberechnungen sind diese Annahmen den veränderten Bedingungen anzupassen.

Um Größeneffekte (*economy of scale effect*) sichtbar zu machen, werden die Untersuchungen für drei weit auseinander liegende Schiffsgrößen durchgeführt. Die drei Referenzschiffstypen (*Tab.*1) sind keine Einzelschiffe und sind nicht älter als 6 Jahre. Sie sind als Serien in Modellversuchen untersucht und optimiert worden.

Typname	TEU-Anzahl	Klasse	*Anzahl der Schiffe*
• *2500*	*2474 TEU*	- Sub Panamax Klasse	3
• *5700*	*5762 TEU*	- kleinere Post Panamax Klasse	15
• *7500*	*7500 TEU*	- große Post Panama Klasse	5

Tab.1: Referenzschiffe

a) *2474 TEU – Sub Panamax Klasse (2500er)*

Dieser Schiffstyp wurde für *E.R.Schiffahrt*[2] drei Mal von deutschen Werften gebaut und zw. 1999-2000 ausgeliefert. Die Schleppversuchs- und Propellerberechnungsergebnisse sowie die Betriebsaufzeichnungen seit Inbetriebnahme liegen vor. Das Schiff ist 207,4m lang, 29,8m breit und geht 10,1m tief auf Konstruktionstiefgang. Die MAN/B&W-Maschine kann bei einem feststehenden (*fixed-pitch*) Propeller mit 6.65m Durchmesser eine Leistung von 19.810kW erzeugen. Das Schiff verfügt über bordeigenes Ladegeschirr von 45/40/36 t.

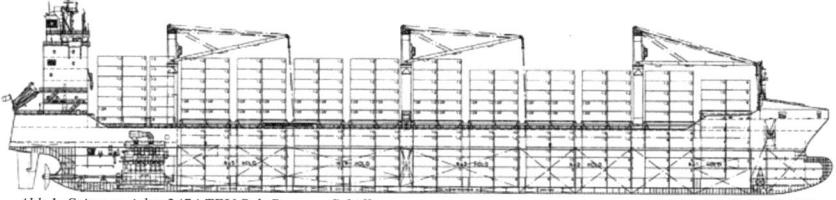

Abb.1: Seitenansicht: 2474 TEU Sub-Panmax-Schiff   © *E.R.Schiffahrt GmbH*

---

[2] E.R.Schiffahrt GmbH & Cie

Kapitel 1 EINLEITUNG
(Intorduction)

b) *5762 TEU – Panamax Klasse (5700er)*

Dieser Schiffstyp wurde 15 Mal von koreanischen Werften für E.R.Schiffahrt gebaut. Die Schiffe wurden zwischen 1999-2002 ausgeliefert. Die Schleppversuchs- und Propellerberechnungsergebnisse sowie die Betriebsaufzeichnungen seit Inbetriebnahme liegen vor. Dieser Schiffstyp ist 277,0m lang, 40,0m breit und geht 12m tief auf Konstruktionstiefgang. Die Samsung/B&W-Maschine kann eine Leistung von 54.840kW erzeugen und arbeitet auf einem mit 8.45m-Durchmesser feststehenden Propeller.

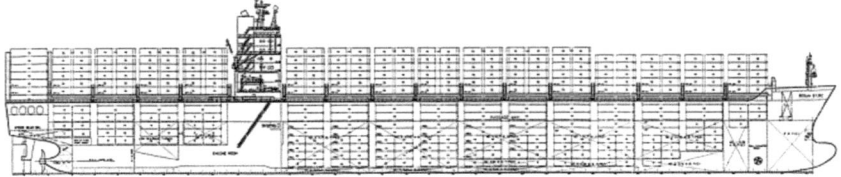

Abb.2: Seitenansicht: 5762 TEU Post-Panmax-Schiff © E.R.Schiffahrt GmbH

c) *7500 TEU – Post Panamax Klasse (7500er)*

Dieser Schiffstyp wurde fünf Mal von koreanischen Werften für E.R.Schiffahrt gebaut und alle Schwesternschiffe wurden im Jahr 2004 ausgeliefert. Die Schleppversuchs- und Propellerberechnungsergebnisse sowie die Betriebsaufzeichnungen seit Inbetriebnahme liegen vor. Das Schiff ist 300.0m lang, 42.8m breit und geht 13.1m tief auf Konstruktionstiefgang. Die Hyundai/Wärtsilä-Maschine kann eine Leistung von 68.640kW erzeugen und arbeitet auf einem mit 8.45m-Durchmesser festehenden Propeller.

Abb.3: Seitenansicht: 7500 TEU Post-Panmax-Schiff © E.R.Schiffahrt GmbH

Die Hauptparameter der Referenzschiffe können zusammengefaßt werden zu:

Schiffstyp (type of ship)	2500 (2474 TEU)	5700 (5762 TEU)	7500 (7500 TEU)
Anzahl der Schiffe (number of ships)	3	15	5
Baujahr (year of construction)	1999-2000	1999-2002	2004
Bauland (shipyard)	Deutschland	Korea	Korea
Länge über Alles (length over all) [m]	207,40	277,00	300,00
Länge zw.den Loten (length.p.p) [m]	195,40	263,00	286,00
Breite (breath moulded) [m]	29,80	40,00	42,80
Seitenhöhe (depth moulded) [m]	16,40	24,30	24,60
Konstruktionstiefgang (draft design) [m]	10,10	12,00	13,00
Geschwindigkeit (speed in) [kn]	22,16	24,90	25,72
Hauptmaschine (main engine)	MAN / B&W	B&W	Wärtsilä
Hauptmaschinentyp (main engine type)	7L70MC	12K90MC	12RTA96C
Maximalleistung (power MCR) [kW]	19.810	54.840	68.640
Blockkoeffizient (Cb design)	0,6516	0,5766	0,6525
Wasserlinienvölligkeit (Cwp design)	0,8643	0,7745	0,8293
Schärfegrad (Cp design)	0,6715	0,5872	
Hauptspantvölligkeit (Cm design)	0,9704	0,9819	
Verdrängung (displacement design) [m³]	27203	72630	103840
Benetzte Oberfläche (wetted surface) [m²]	7860	12983	14899

Tab.2: Hauptparameter der Referenzschiffe

2. Bekämpfung von Bewuchs auf seegehenden Schiffen
(Abatement of fouling on seagoing vessels)

2.1 Historische Entwicklung von Antifouling
(Historical development of antifouling)

Die ersten bekannten Maßnahmen zur Verhinderung von Bewuchs auf seegehenden Schiffen werden auf die Zeit um das Jahr 700 vor Christus datiert. An einer phönizischer[3] Galeere aus dieser Zeit wurden mit Blei beschichtete Planken gefunden. Im 16. Jahrhundert kam es wieder zum Einsatz von bleibeschichteten Holzplanken und es wurde bis ins 18. Jahrhundert fortgeführt. Abgelöst wurde Blei von metallischem Kupfer, das nicht nur gegen die Schiffswürmer sondern auch gegen Bewuchs effektiv wirkte. Zur gleichen Zeit tauchte Zinkmetall als Beschichtungsmaterial auf. Der Einsatz von Kupferplatten auf Stahlschiffen erwies sich aus Gründen der Beschleunigung des Korrosionsprozesses als ungeeignet. Während 1625 ein erstes auf Eisenpulver, Kupfer und Zement basiertes Antifoulingrezept patentiert wurde, waren um 1870 ca. 300 unterschiedliche Antifoulinganstriche registriert, die meist nach dem noch heute geltendem Prinzip der Biozidfreisetzung[4] an die Umgebung durch auswaschen *(leaching prozess)* funktionierten [1]. Im Jahr 1860 wurden in Bremerhaven die ersten Antifoulings auf Schellack-Basis hergestellt, welche Eisenoxid, Quecksilberoxid und Arsen enthielten. Bis zum Beginn des ersten Weltkrieges waren diese Anstriche aus Deutschland marktführend. Später gewannen Kupferoxide, Zinkoxide sowie Fungizide an Bedeutung, zumal diese auch kostengünstiger waren. Mit Einführung der extrem toxischen Tributylzinn-Kopolymer-Verbindungen *(TBT-*Kopolymere) als biozidhaltiger Antifoulingtyp erlebte die Schiffahrt in den 70er Jahren einen revolutionären Schritt in der Bewuchsbekämpfung [2]. Im Jahr 1996 benutzte der überwiegende Anteil der Schiffe der Welthandelsflotte (ca. 80%) diesen Antifoulingtyp, der aufgrund seiner hochtoxischen Eigenschaften in den 90er Jahren regional und bis zum Jahr 2008 weltweit verboten wird [Kap. 2.3].

2.2 Fouling in der Schiffahrt
(Fouling in the maritime navigation)

Feste Oberflächen im aquatischen Lebensraum sog. Hartböden werden von pflanzlichen und tierischen Organismen besiedelt. Dies gilt nicht nur für die natürlichen Hartböden wie Felsen, Treibholz, abgestorbene Korallenriffe oder Schalentiere, sondern auch für die in die maritime Umwelt künstlich eingebrachten Oberflächen, wie schiffs-, meeres- oder wasserbauliche Konstruktionen aus Stein, Holz, Metall oder Kunststoff. Organismenansiedlungen an lebenden Substraten nennt man Aufwuchs bzw. Epibiose, auf nicht lebenden Oberflächen nennt man sie Bewuchs oder Fouling. Bewuchs an Schiffsoberflächen verursacht

Abb.4: Schiffsrumpf mit sehr starkem Bewuchs [118]

---
[3] Zwischen 1200 und 900 v. Chr. entwickelte sich Phönizien (schmaler Landstrich an der Ostküste des Mittelmeeres, heutiger Libanon) zur größten Handels- und Seemacht der Antike. die Phönizier beherrschten nahezu den gesamten Mittelmeerraum bis zum Atlantik, wo sie Kolonien und Handelsfaktoreien gründeten.
[4] Biozide ist eine allgemeine Bezeichnung für explizit giftige chemische Substanzen, die zur Schädlingsbekämpfung eingesetzt werden.

Kapitel 2 BEKÄMPFUNG von BEWUCHS
(Abatement of fouling)

einen Anstieg des Reibungswiderstandes, was mehr Treibstoffverbrauch zur Folge hat und somit enorme Kosten verursacht [Kap. 3.2.2]. Zusätzlich müssen in regelmäßigen Abständen aufwendige Arbeiten verrichtet werden, um die befallenen Oberflächen von Bewuchs zu befreien und es müssen Maßnahmen getroffen werden, um vor Fouling zu schützen. Ein weiteres Problem ist das Einbringen von Fremdarten, als blinde Passagiere auf Schiffsrümpfen, in die sonst für diese Spezies unerreichbaren Regionen. Durch weltweit effektive, präventive Bewuchsbekämpfung kann dieser Prozeß eingeschränkt werden. Das Einschleppen von Fremdarten wurde auch von gesetzesgebenden Institutionen als ein Problem erkannt. Entsprechende Gesetze wurden ausgearbeitet und befinden sich in der Phase der Ratifizierung[5].

Es bleibt die Frage unbeantwortet; wie kommt es eigentlich zum Bewuchs? Schon wenige Sekunden nach Einbringen eines Hartbodens ins Wasser wird von den Bakterien ein makromolekularer Film darauf gebildet, auf dem sich wiederum Einzeller festsetzen können. Durch die ausgeschiedenen Sekrete der Mikroorganismen bildet sich ein Biofilm, der Larven und Sporen von Makroorganismen anzieht. Es wird vermutet, daß jede der vorhergehenden Phasen die nachfolgende stark beeinflußt bzw. sie sogar erst ermöglicht [3]. Die im Seewasser planktonartig (schwebend) vorhandenen Larven von Makroorganismen besitzen die Eigenschaft, klebrige Extrete herzustellen, mit denen sie sich dauerhaft festsetzen und zu adulten, gewichtigen Organismen aufwachsen können (z.B.: Seepocken, Miesmuscheln).

Bei ca. 4000 Arten, die als Bewuchsorganismen identifiziert wurden [4], stellen sich große Anforderungen an Farbenhersteller, Mittel gegen ein weites Artenspektrum, bei vorgegebenen Richtlinien zum Einsatz von Bioziden, mit einem einzigen Antifoulingprodukt, das auf einem Schiff aufgetragen wird, abzudecken. Während im Süßwasser der Bewuchs kontrollierbar bleibt, ist er einer der primären Probleme der Seeschiffahrt. Den Organismen fehlt im kalziumarmen Süßwasser der Grundstoff, um Schalen ausbilden zu können. Lediglich wenige Arten wie z.B. die Zebramuschel können im Süßwasser überleben und sich ausbreiten. Ein verstärkter Mikrobewuchs im Süßwasser kann lediglich zur einer dickeren Schicht, bestehend aus den kalkinkrustrienden Mikroalgen, führen. Im Salzwasser spielt der Mikrobewuchs dagegen kaum eine Rolle, da er frühzeitig von Makrobewuchs überdeckt wird. In Häfen und in Flußmündungen mit niedrigen Salzgehalten (Brackwasser) geht nicht nur der Bewuchsdruck stark zurück, sondern es kommt sogar zu Abtötung vom bereits vorhandenen Fouling und somit zu Bewuchsminderung [5].

2.2.1 Rahmenbedingungen zum Auftreten von Bewuchs
(General conditions for the occurence of fouling)

Fouling auf Schiffsoberflächen hängt von vielen Faktoren ab. Allgemein wächst das Bewuchsrisiko mit steigender Wassertemperatur und mit einem hohen Salzgehalt. Auch Wassertiefe und Strömung beeinflussen das Foulingrisiko. Mit steigender Tiefe im offenen Ozean ist der Gehalt von bestimmten bewuchsfördernden (vom Land stammenden) Mineralien niedriger. Auch das Licht wird in den Wassermassen mit steigender Tiefe immer schwächer und wirkt somit

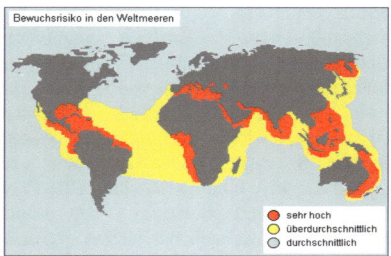

Abb.5: Bewuchsrisiko in den Weltmeeren [8]

---

[5] Das Einbringen vom Fremdarten wird durch die Globalisierung beschleunigt, allerdings gelang bisher der überwiegende Anteil von Fremdarten nicht als Bewuchs sondern als „Passagier" in Ballastwassertanks in Fremdgebiete. Entsprechende Richtlinien zum Umgang mit Ballastwasser wurden von der *IMO* im Februar 2002 ausgearbeitet (*Ballast Water Management*) und treten 12 Monate, nachdem sie von mindestens 30 Flagenstätten mit mindestens 35% der Welthandelsflotte anerkannt wurden, frühestens jedoch im Jahr 2009, in Kraft.

Kapitel 2 *BEKÄMPFUNG von BEWUCHS*
(Abatement of fouling)

bewuchsverlangsamend. Des weiteren hängen strömungsbedingte Faktoren unmittelbar mit der Wassertemperatur zusammen. In den polaren Zonen tritt der Bewuchs im geringeren Maße auf. In den Übergangszonen wie Nordeuropa, Südaustralien oder im südlichen Teil von Südamerika ist der Bewuchs, wegen der Kaltwasserströme, saisonal bedingt [6]. Tropische und subtropische Gewässer bieten die optimalen Foulingbedingungen. Regionen mit höherem Bewuchsdruck sind überwiegend geographisch bedingt, je nach klimatischen und hydrographischen[6] Bedingungen (*Abb.*5) [8]. Weiterhin steigt der Bewuchsdruck bei langsamen Betriebsgeschwindigkeiten und längeren stationären Liegezeiten unabhängig von der Region, da erodierende Antifoulings erst ab einer bestimmten Geschwindigkeit eine optimale Freisetzungsrate der Biozide gewährleisten. Nicht zuletzt spielt die Art und die Zusammensetzung des Unterwasseranstriches eine wichtige Rolle beim Entstehen von Makrobewuchs. Versuche der US Marine im indischen Tuticorin[7] und im Fort Pierce in Florida, USA [29] zeigten eine starke Abhängigkeit des Biofoulings von der Wassertemperatur, dem Salzgehalt und der Eintauchtiefe an statisch angebrachten, für den Zeitraum des Bewuchses unbewegten Proben. Die Wassertemperatur in Tuticorin liegt über das ganze Jahr zw. 28-30°C mit leichtem Gefälle auf 23°C in der Monsunzeit[8]. Durch fehlende Frischwasserzufuhr von Flüssen befindet sich der Salzgehalt in dieser Region permanent auf einem hohen Niveau. Somit bietet der Hafen Tuticorin sehr gute Bedingungen zum Auftreten von biologischem Bewuchs. Demgegenüber stellt Fort Pierce mit dem stark variierenden, niedrigeren Salzgehalt und in Abhängigkeit von den jahreszeitbedingten Niederschlägen, veränderlicher Wassertemperatur das „Gegenteil" in der gleichen (subtropischen) Klimazone dar. In *Abb.*6 [29] sind Proben (mit Kupfer als Biozid) abgebildet, die im Rahmen der Untersuchung eingesetzt wurden. Nach nur 4-8 Wochen ist die Präsenz von jungen Seepocken (*barnacle*) deutlich zu erkennen; nach 3 Monaten sind die Seepocken ausgewachsen und bereits von einer dicken Algenschicht (*algae*) bedeckt, die innerhalb der nächsten Monate immer weiter anwächst. Nach 5 Monaten ist auch eine dicke Schicht Schwämme (*sponges*) ausgebildet, das Gesamtgewicht des Teststabes hat um ein Vielfaches zugenommen. Weiterhin wurde in Tuticorin auch eine Abhängigkeit des Bewuchsdruckes von der Eintauchtiefe festgestellt.

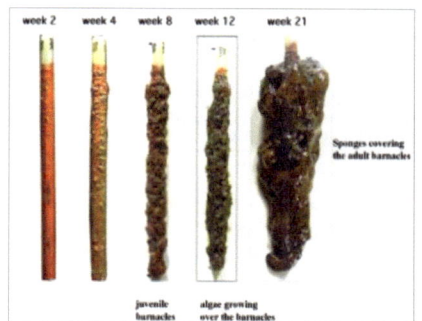 

Abb.6 (Bild links): Probestreifen im indischen Tuticorin [29]
Abb.7 (Bild rechts): Vergleich der Proben aus Tuticorin und Fort Pierce [29]
(Mit freundlicher Erlaubnis von J. Matias / Poseidon Ocean Sciences)

---

[6] Hydrographie: (geographische Gewässerkunde), Lehre von Erscheinungsformen. Eigenschaften, Vorkommen, Verbreitung und Haushalt des Wassers über, auf und unter der Erdoberfläche
[7] Tuticorin ist eine Hafenstadt in der Bucht von Bengal am Kreuzpunkt zwischen dem Indischen Ozean und dem Arabischen Meer.
[8] Monsun (arabisch mausim: Jahreszeit) ist ein Wind, der im jahreszeitlichen Wechsel seine Richtung ändert. Der Südwest- oder Sommermonsun (April bis Oktober) wird in Indien von schweren Regenfällen begleitet und ist das bestimmende Klimaereignis dieser Region

Kapitel 2   BEKÄMPFUNG von BEWUCHS
                           (Abatement of fouling)

2.2.2 Bewuchsorganismen und deren Eigenschaften
(Fouling organisms and their biological properties)

Die in der Schiffahrt als Fouling bekannten Bewuchsorganismen können in zwei Gruppen unterteilt werden. Mikrofoulingorganismen sind Einzeller und Kleinorganismen wie Bakterien, Pilze, Mikroalgen oder Protozyten. Mikroorganismen bilden als Schleim (*slime*) die Grundlage für die Besiedlung von Makrofoulingorganismen wie Seepocken (*acorn barnacle*), Röhrenwürmer (*tube worms*), Goosenecks (*gooseneck barnacle*), Manteltierchen (*tunicates*), Schwämme (*sponges*) oder Makroalgen (*green-, brown- red algea*) [3]. Die Makroorganismen können in pflanzliche oder tierische Arten aufgeteilt werden. Bei manchen Autoren erfolgt eine Differenzierung der Organismen in Schalen- (*shell fouling*) oder Weichbewuchs (*soft body fouling*) [10]. Die Larven der Makroorganismen haben eindrucksvolle Eigenschaften entwickelt, um ihren Fortbestand zu sichern. Beispielsweise reagieren Seepocken nicht nur auf Licht, Schwerkraft und Schwingungen, sondern sind sogar in der Lage Pheromone[9] auszusondern, um ihren, als Larven oder Eier im Wasser planktonartig schwebenden Artgenossen das Vorhandensein eines Hartsubstrats als Lebensunterlage zu signalisieren [11]. Weitere besondere Eigenschaften der Bewuchsorganismen sind unter anderem die Abgabe von chemischen Stoffen, Ausbildung von Schleimbezügen (Algen, Schwämme, Korallen) oder eine Erneuerung der Oberfläche (Krebse, Koralle, Algen), um sich ihrerseits vor Bewuchs (Epibiose) zu schützen. Diesen natürlichen Schutzmechanismen wurde in den letzten Jahren von Seiten der Industrie, eine große Aufmerksamkeit geschenkt, um sie als technische Lösungen kommerziell einsetzen zu können. Momentan ist jedoch keine marktreife Alternative abzusehen. Die bekanntesten Vertreter der Foulingorganismen sind Grün- und Braunalgen, Seepocken, Miesmuscheln, Röhrenwürmer oder Kolonien von Schwämmen und Korallen. Einige Organismen verfügen über mehrere Vermehrungsstrategien (Grünalge), sind äußerst widerstandsfähig und können sogar auf drehenden Propellern (Seepocken) dauerhaft überleben. Für genauere Informationen zu den zahlreichen Bewuchsarten wird auf tiefergehende Literatur [3, 12, 13] verwiesen. In *Abb.*8 (1-6) sind einige dieser bewundernswerten und gleichzeitig unbeliebten Bewuchsorganismen dargestellt.

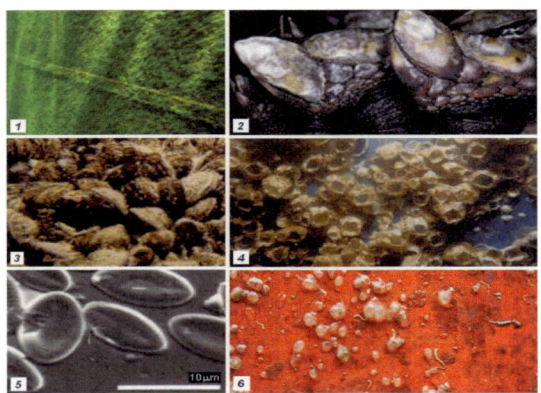

Abb.8: 1) Grünalge [69], 2) Entenmuscheln [119], 3) Miesmuscheln, 4) Seepocken [119],
5) Schleim-Diatome [119], 6) Manteltierchen und Röhrchenwürmer [37]

---

[9] Pheromon ist Duftstoff, der von Tieren produziert wird und das Verhalten anderer Tiere beeinflußt, wobei körperspezifische chemische Signale von einer Zellgruppe zur nächsten gesandt werden, um bestimmte Reaktionen anzuregen.

Kapitel 2   *BEKÄMPFUNG von BEWUCHS*
(Abatement of fouling)

2.3 Tributylzinn und andere Biozide in der Bewuchsbekämpfung
(Tributyltin and other biocides in the abatement of fouling)

Organozinnverbindungen (*tributyltin, TBT*) haben ihren großen Durchbruch als bewuchshemmende Biozide für Unterwasseranstriche in den 70er Jahren erlebt. Während *TBT* als Schutzmittel für Pflanzen in der Landwirtschaft als zu toxisch deklariert wurde, galt es in der aquatischen Umgebung als umweltverträglich. Um 1987 wurden ca. 90% der Schiffsneubauten mit *TBT*-haltigen Anstrichen versehen [14]. Die jährliche Organozinnproduktion für Schiffsanstriche betrug im Jahr 1986 ca. 8000t [15]. Die *TBT*-Antifoulings waren in ihrer Effektivität gegen Bewuchs unschlagbar. Sie waren meist mit Zusätzen von weiteren Bioziden (*boosting biocides*), wie Kupfer und Organ-Stickstoff-Verbindungen, versetzt. Diese Technologie war für Dockungsintervalle von 60 Monaten ausgereift und war deutlich kostengünstiger gegenüber anderen, weniger effektiven Antifoulingtypen. Untersuchungen aus dem Jahr 1980 zeigten bei 92% der *TBT*-Antifoulings eine gute bis sehr gute Performance, während nur 36% von den biozidfreien selbstpolierenden Systemen (*self polishing copolymer, SPC*) eine befriedigende Bewertung zugeteilt wurde [16]. Es sollte allerdings nicht unerwähnt bleiben, daß zu diesem Zeitpunkt die Entwicklung von selbstpolierenden biozidfreien Antifoulings noch in ihren Anfängen steckte. Somit war die *TBT*-Technologie für wirtschaftlich operierende Unternehmen über Jahre hinweg die wirtschaftlichste Lösung. Erst gesetzliche Regelungen konnten den fast 30 Jahre andauernden *TBT*-Boom stoppen [Kap. 2.3.2].

2.3.1 Umweltverträglichkeit der Tributylzinn-Kopolymere
(Environmental compatibility of tributyltin-copolymers)

Diskussionen über Organozinnverbindungen haben in den letzten Jahren immer mehr zugenommen. Zum einen aufgrund eines weit verbreiteten Einsatzes nicht nur in der Schiffahrt, sondern auch in der Textilindustrie und als Holzschutzmittel, zum anderen, weil ihre starke Toxizität gegenüber Meeresorganismen zu heftigen Auseinandersetzungen geführt haben. Während heute von toxischsten Verbindungen gesprochen wird, die je bewußt in die maritime Umwelt eingebracht wurden, galten Organozinnverbindungen nach deren Markteinführung um 1975 als sehr umweltfreundlich [17].
Tributylzinnverbindungen gelten als die am häufigsten angewendeten Organozinnverbindungen. Sie können dem Farbanstrich beigemischt oder, in einem Kopolymer gebunden, zugesetzt werden. Die zweite Methode bietet den Vorteil einer kontrollierten Freisetzung mit einem gleichzeitigen hydrolytisch bedingten Selbstglätten der Oberfläche. Die Wirksamkeit von *TBT* gegen Fouling, nicht zuletzt durch seine Giftigkeit gegenüber Organismen, ist im Hinblick auf die Performance immer noch das Maß für *TBT*-freie Antifoulingsysteme. Vereinzelt wird die Meinung vertreten, daß im Moment keine Alternativen für vergleichbare Effektivität bei der Bewuchsbekämpfung auf dem Markt existieren und *TBT* somit auch umweltschutztechnische Vorteile mit sich bringt. Der durch ein weltweites *TBT*-Verbot verursachte Wechsel auf alternative, in ihrer Performance weniger effektive Antifoulings hätte mehr Bewuchs zur Folge, was wiederum mit mehr Leistung kompensiert werden müßte. Mehr Leistung bedeutet mehr Brennstoffverbrauch und somit mehr Kohlen- und Schwefeldioxidausstoß. Nicht zuletzt bei langsamer fahrenden Schiffen und konstantem Transportbedarf müßte die Transportkapazität durch mehr Schiffe ausgeglichen werden, die wiederum mehr Schadstoffemission zur Folge hätten [18]. Diese Ansicht ist weit hergeleitet jedoch mitunter zu berücksichtigen.
TBT ist schon in extrem geringen Konzentrationen auch für Organismen die nicht zu Bewuchsorganismen gehören (sog. *non-target*-Organismen) wie z.B. eine Vielzahl von Mu-

schel- und Schneckenarten, aufgrund des sog. „Imposex"-Phänomens[10] populationsschädigend [19]. Diese Veränderungen der Geschlechtsorgane und die damit verbundene Unfruchtbarkeit, wurden seit 1994 bei ca. 70 Arten festgestellt [20]. Eine erhöhte *TBT*-Konzentration tritt überwiegend im Bodensediment, insbesondere in Häfen, Fahrrinnen und Gebieten mit großer Verkehrsdichte (allerdings nur in geringen, schwer nachweisbaren Mengen im Wasser) auf [21]. Große Mengen *TBT* gelangen vor allem bei der Applikation oder durch Abtrag von *TBT*-Anstrichen in die Umwelt. Aufgrund von Versprühung (*overspray*) kann bei ungünstigen Verhältnissen bis zu 40% der Farbenmenge in der Luft verstreuen, zumal bei diesen Arbeiten im Trockendock keine besonderen Gegenmaßnahmen getroffen werden müssen [22]. Biochemische Wirkungen von *TBT* auf Zellen umfassen unter anderem Membranschädigungen in Leberzellen sowie Störungen des Kalziumhaushalts. Weitere Schlüsselfaktoren der Unverträglichkeit von *TBT* in der maritimen Umwelt sind deren lange Lebensdauer, deren schwere Abbaubarkeit im Bodensediment und letztendlich die Übertragung der Oragnozinne in die Nahrungskette. Bei Fischen und Muscheln sind hohe bis extrem hohe Konzentrationsfaktoren festgestellt worden, so daß auch für den Menschen, als Endglied der Nahrungskette, eine potentielle Gefahr besteht [23]. Eine Reihe von anderen Substanzen wie z.B. Kupferverbindungen oder Silikonöle sind weniger giftig, können aber über Zehntausende von Jahren im Bodensediment überdauern. Die langfristigen Auswirkungen dieser Verbindungen auf die Meeresflora und –fauna können deshalb nicht eindeutig definiert werden. Ein Umstieg auf *TBT*-freie Alternativen ist nach dem heutigen Standpunkt mehr als gerechtfertigt.

2.3.2 Gesetzeslage und Richtlinien gegen Biozide in Unterwasseranstrichen
(Acts and guidelines against biocides in ship coatings)

Die negativen Eigenschaften der Organozinne gegenüber Organismen haben dazu geführt, daß in einigen Ländern schon relativ früh die Anwendung von *TBT* bei Unterwasseranstrichen stark überwacht, untersagt oder verboten wurde. Hochgiftige Biozide wie Quecksilber oder Arsen sind in Europa im Jahr 1989 verboten worden. Gleichzeitig wurde ein Verbot für organozinnbasierte Antifoulings für Wasserfahrzeuge unter 25 *m* Länge eingeführt [24], was jedoch für die Entlastung der Umwelt wenig Wirkung zeigte. Während ein absolutes *TBT*-Verbot in den wenig bedeutenden Schiffahrtsländern wie Neuseeland, Schweiz und Österreich relativ früh beschlossen wurde, war in einigen anderen Ländern (Südafrika, Schweden, Kanada und USA) ein *TBT*-Verbot nach Schiffsgröße und Freisetzungsrate (*leaching rate*) mit einer strengen Registrierungspflicht verbunden. In Japan wurde die Anwendung von *TBT* im Jahr 1990 untersagt. Weiterhin hat man in einigen Ländern wie Dänemark, Schweden, Großbritannien und Niederlande weitere Einschränkungen und Verbote für bestimmte Produkte wie Diuron[11], Irgarol[12] oder einige kupferbasierte Biozide eingeführt [25]. Der große Durchbruch kam mit der Ratifizierung der *IMO-AFS*-Konvention (*International Maritime Organsation Anti-fouling Systems*) vom Oktober 2001[13]. Das *AFS*-Übereinkommen der *IMO* tritt zwölf Monate nach seiner Ratifizierung durch mindestens 25 Statten, auf die mindestens 25 % der Welttonnage entfallen, in Kraft. Momentan haben 17 Staaten mit 17,43 % der Welttonnage *IMO-AFS*-Konvention unterzeichnet (Stand vom Oktober 06). Um diesen Prozeß des Inkrafttretens der Bestimmungen zu beschleunigen, wurde in der *EU*-Zone eine ei-

---

[10] Imposex *(superimposed sex)*: Vermännlichung; weibliche Artgenossen bilden männliche Geschlechtsorgane aus und werden unfruchtbar
[11] Diuron: in Deutschland teilweise verbotenes Pflanzenschutzmittel (Wassergefährdungsstufe 3, als gesundheitsschädlich eingestuft, stark gewässerbelastend), momentan wird über ein absolutes Verbot von Diuron in Deutschland diskutiert
[12] Irgarol: schwermetallfreies Algizid, entwickelt für Fassadenfarben und Schiffsanstriche als Mittel gegen Algen- und Pilzbewuchs
[13] siehe www.imo.org > Conventions > Anti-fouling systems

gene gesetzliche Verordnung (*EU-Verordnung Nr. 782/2003*)[14] verabschiedet, die inhaltlich mit der *IMO*-Konvention weitgehend übereinstimmt und strenger kontrolliert und geahndet wird. Diese Verordnung hat einen gesetzesgebenden Charakter und ist bereits in Kraft getreten. Sie ist für alle Länder der Europäischen Union bindend. Dadurch sollen die *EU*-Länder dazu gebracht werden, die, für sie mit der Verordnung ohnehin, geltenden Richtlinien auch bei der *IMO* anzuerkennen und zu unterschreiben, um die *IMO-AFS*-Konvention weltweit geltend zu machen. Die Nachteile des Alleinganges der *EU* gegenüber der *IMO* liegen, nach Meinung des Bundesministeriums für Verkehr[15] darin, daß die Zuständigkeiten der Schiffahrt auf der europäischen Ebene als Gesetze in Gremien verabschiedet werden, die nicht über optimale Kompetenzen von Bedürfnissen und Interessen der internationalen Schiffahrt verfügen. Dies könnte in einigen Punkten unerwünschte Interpretationen zur Folge haben.
Allein mit der EU-Verordnung wird auf die internationale Schiffahrt viel Druck ausgeübt. Auch wenn die Übereinkunft der Schiffahrtsländer bei der *IMO* zum *TBT*-Verbot in Farbanstrichen noch einige Zeit bedarf, wird die Ära der *TBT*-Antifoulings, spätestens im Jahre 2008, ihrem Ende zugehen, zumal die Farbhersteller der Aufforderung der *IMO*, Verkauf, Vermarktung und Verwendung zinnorganischer Verbindungen zum 01.01.2003 einzustellen, weitgehend gefolgt sind.

Die wichtigsten Inhalte der *IMO-AFS Convention* sind [26]:

- Verbot von Neuapplikationen von *TBT*-Antifoulings ab dem 01. Januar 2003
- Verbot von Präsenz von *TBT*-Antifoulings auf Schiffen ab dem 01. Januar 2008
- Option zum Verbot weiterer Biozide ohne weitere Ratifizierungsmaßnahmen
- Verpflichtung der Unterzeichnerstaaten zu Sanktionen (Hafen- und Hoheitsgewässerverbot etc.) gegen Schiffe/Flaggen die *TBT*-Anstriche benutzen
- Verordnung gilt nicht für Kriegs-, Küstenüberwachungs- und andere Staatsschiffe

Um die Beschlüsse des Abkommens auch effektiv durchsetzen und kontrollieren zu können, stehen bereits moderne Technologien zur Verfügung. Eine davon ist z.B. die in Japan entwickelte Röntgenfluoreszenz (*X-ray fluorescence, XRF*), die verläßliche Vorergebnisse vor Ort, das heißt am Liegeplatz des Schiffes liefert. Im Verdachtsfall können dann unter Laborbedingungen, mit gaschromatographischer[16] Spektrometrie[17], exakte Anteile verbotener Substanzen ermittelt werden [27]. Die vorgeschlagenen Maßnahmen der *IMO* zur Überwachung und Klassifizierung der Schiffsanstriche sind sehr umständlich. Während die *IMO* vorschreibt, jeden Anstrich auf jedem Schiff einzeln zu überprüfen und zu testen, ziehen die Klassifikationsgesellschaften es vor, die Produkte einzeln zu zertifizieren und diese dann auf allen Schiffen anzuerkennen.
Sollte die *IMO-AFS* Konvention demnächst in Kraft treten, dürfte das für Biozide, wie z.B. die schwer abbaubaren Kupferacrylate bedeuten, daß in der Zukunft weitere einschränkende Vorschriften und Verbote folgen, zumal diese Option bereits in der *IMO-AFS*-Konvention ratifiziert wurde. Die Industrie will den Markt der erodierenden Antifoulings, trotz der drohenden Richtlinien und Verbote, nicht verlieren. So werden weiterhin nicht nur neue metallische Biozide entwickelt, sondern es gibt inzwischen auch umfangreiche Forschungen, auf Basis von natürlichen Substanzen kommerziell nutzbare Repellentstoffe[18] zu entwickeln.

---

[14] siehe http://europa.eu.int/eur-lex
[15] Vortrag des Bundesministerium für Verkehr beim *GL Exchange Forum „Shipping and Environment"* am 9. November 2005
[16] Chromatographie wird in der Chemie ein Verfahren genannt, das die Auftrennung eines Stoffgemisches durch unterschiedliche Verteilung seiner Einzelbestandteile zwischen einer stationären und einer mobilen Phase erlaubt.
[17] Spektrometrie ist ein Sammelbegriff für Verfahren, die (mit Hilfe der Spektrenmessung) zur quantitativen und qualitativen Bestimmung von Elementen (beispielsweise in der Chemie) eingesetzt werden.
[18] lat. *repellere*: vertreiben, zurückstoßen; Repellents sind Substanzen die bestimmte Organismen abschrecken, abstoßen (hier die Ansiedlung verhindern), allerdings sie nicht abtöten oder abschwächen [25]

Kapitel 2 BEKÄMPFUNG von BEWUCHS
(Abatement of fouling)

2.4 Übersicht über biozidhaltige und biozidfreie Antifoulingsysteme
(General view of biocide and biocide-free antifouling systems)

Der Markt für Antifoulingprodukte hat in den letzten Jahren durch eine Menge von neuen Gesetzen und Richtlinien einen grundlegenden Wandel durchlebt. Dieser Prozeß scheint auch in den kommenden Jahren anzudauern. Die zunehmende Globalisierung des Weltmarktes hat dazu geführt, daß eine hochkomplexe Marktstruktur entstanden ist. Mit dem *IMO*-Abkommen zum weltweiten Verbot *TBT*-haltigen Antifoulinganstriche sind zudem viele neue bisher weniger bekannte Produkte in den Mittelpunkt der Diskussion geraten. Eine grundlegende Unterscheidung der auf dem Markt befindlichen Schiffsfarben sollte nach dem Wirkungsprinzip (erodierend bzw. nicht erodierend) erfolgen. Von wesentlicher Bedeutung, im Hinblick auf die Wirksamkeit, auf die Umweltverträglichkeit und auch auf das Wirkungsprinzip ist eine Differenzierung der Produkte bezüglich der darin enthaltenen (bzw. fehlenden) Biozide. Mit *Abb.*9-10 [28] soll ein allgemeiner Überblick über die verschiedenen Systeme verschafft werden.

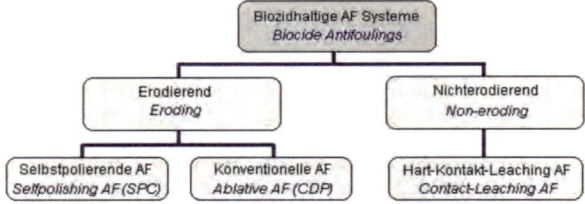

Abb.9: Übersicht über biozidhaltige Antifoulingsysteme [28]

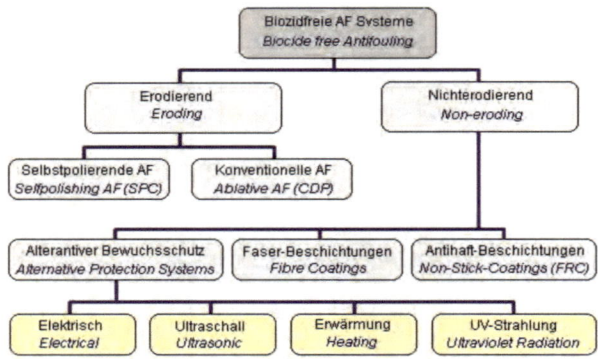

Abb.10: Übersicht über biozidfreie Antifoulingsysteme [28]

Die Unterscheidung biozidhaltiger Antifoulings erfolgt nach mehreren Kriterien. Die chemische Zusammensetzung und das Wirkungsprinzip beeinflussen unmittelbar die Freisetzungsrate des darin enthaltenen Biozides. Zu Kriterien der Umweltverträglichkeit zählt nicht nur die quantitative Abgabe eines Giftstoffes in die Umgebung sondern auch deren Toxizität. Ein wirksames Antifouling wird durch seinen Freisetzungsprozeß definiert. Eine kontinuierliche

Abgabe des Biozides an der Oberfläche des Schiffrumpfes soll die Bewuchsorganismen von Ansiedlung am Schiffrumpf abschrecken bzw. die angesiedelten Larven und Sporen abschwächen oder abtöten, noch bevor sie zu größeren Exemplaren heranwachsen können. Die Lebensdauer einer Antifoulingfarbe ist somit durch ihren Biozidgehalt und ihre Freisetzungsrate begrenzt, vor allem jedoch durch ihre Abbaubarkeit, da sie sich regelmäßig abtragen [28]. Bezüglich der Effektivität von Antifoulinganstrichen gibt es bei den einzelnen Produkten, unter Berücksichtigung der verschiedenen Wirkungsprinzipien, große Unterschiede. In den letzen zehn Jahren wurde weltweit eine Vielzahl von Versuchen mit Testanstrichen an fahrenden Schiffen durchgeführt [29, 30, 31]. Die umfangreichsten Versuchsreihen in einem Zeitraum von über 8 Jahren wurden von Watermann (LimnoMar-Hamburg) durchgeführt. Dabei wurden verschiedene Produkte nicht nur auf ihre Effektivität, Fouling zu verhindern, untersucht, sondern teilweise auch auf deren chemische Zusammensetzung, Toxizität und Umweltverträglichkeit sowie auf die physikalischen Eigenschaften einiger ausgesuchten Alternativen analysiert. Die Ergebnisse zeigten eine sehr weite Streuung der einzelnen Produkte in gleicher Klasse/Technologie. Bei ablativen (*CDP*) und selbstpolierenden (*SPC*) biozidhaltigen und biozidfreien Farben, aber auch bei den neu entwickelten *Foul-Release*-Silikonbeschichtungen gibt es offensichtlich Vertreter die sowohl sehr gute Performance bieten, als auch welche, die befriedigende oder sogar mangelhafte Ergebnisse liefern. Für genauere Betrachtungen der detaillierten und umfangreichen Dokumentationen wird auf die entsprechenden Berichte verweisen [32, 33, 34, 35, 36, 37].

2.5 Biozide, organische Biozide und Enzyme als Schutzmechanismen *(Biocides, organic biocides and enzyme as protection against fouling)*

Neben dem, noch immer auf vielen Schiffen verwendeten hochtoxischen, Tributylzinn werden viele alternative, teilweise jedoch trotzdem sehr giftige und bedenkliche den Farben beigemischt. Die nur sehr schwer abbaubaren Kupferacrylate und andere Kupfer-, Zink-, und Zink-Pyrithion-Verbindungen sind die am weitesten verbreiteten Biozide [44, 45]. Zu den bekanntesten synthetisch hergestellten organischen Bioziden gehören, das in ähnlicher Form in der Landwirtschaft vorkommende Irgarol und das, wegen der geringen Persistenz in der Umwelt bekannte, Fungizid Sea-Nine211. Es wird seit längerer Zeit versucht, aus Bakterien, Algen, Korallen, Schwämmen, Seescheiden aber auch aus Landpflanzen Biozide aus natürlichen Stoffen, sog. Repellents, zu gewinnen. Diese nicht als toxisch zu bezeichnende Substanzen werden momentan intensiv erforscht, um sie, als natürliche Abwehrstoffe, kommerziell einsetzen zu können. In den Untersuchungen von Ranke zeigten einige dieser Materien vielversprechende Ergebnisse [23]. Die heutige Industrie bietet eine ganze Reihe von Zusatzbioziden an, die problematische Stoffe beinhalten, welche aufgrund der Schnellebigkeit der Entwicklung in den Sicherheitsdatenblättern nur mit Verzögerungen erfaßt werden können. Über die Ökotoxizität vieler *TBT*-Alternativen liegen oft keine genaueren Daten vor [46]. Ein weiterer Schwachpunkt der Forschung ist, daß die unterschiedlichen Biozide über verschiedene Eigenschaften verfügen, deren gegenseitige Wechselwirkungen im Hinblick auf mögliche Veränderungen ihrer Toxizität weitgehend unbekannt sind. Ranke [25] untersuchte ökologische Risikoprofile wie Freisetzung, Reichweite, biologische Affinität, biologische Aktivität und die Restunsicherheit einiger ausgesuchter in Antifoulings eingesetzter Substanzen. Am Bespiel von Persistenz/Reichweite sollen die Unterschiede (nach Ranke) in *Tab.*3 demonstriert werden.

Substanz	Handelsname	Reichweite		Einheit
SeaNine	Sea-Nine®211	4.76	d	[days]
TBT	Tributylzinnoxid	16.9	d	[days]
Irgarol	Irgarol®211	10.2	y	[years]
Kupfer	Kupferoxid	47000	y	[years]

Tab.3: Persistenz einiger Substanzen in der Umwelt

Kapitel 2   *BEKÄMPFUNG von BEWUCHS*
(Abatement of fouling)

2.6 Biozidhaltige Antifoulingsysteme
(Biocide antifouling systems)

2.6.1 Konventionell erodierende Antifoulings (CDP)
(Controlled depletion polymer antifoulings, CDP)

Ablative Polymere mit kontrollierter Freisetzungsrate (*controled depletion polymer, CDP*) gehören der ersten Generation erodierender Antifoulings an. Verschiedene Hersteller haben unterschiedliche, oft nicht ganz zutreffende und verwirrende Namen für *CDP*-Antifoulings genannt. Dies sind z.B.: *polishing* (polierend), *hydrating* (in Wasser löslich), *ion-exchange* (basierend auf Ionen-Austausch), *hydrolysable activated* (hydrolytisch aktiv) oder sogar *self-polishing* (selbstpolierend). Das meist kupferhaltige Biozid ist in der *CDP*-Matrix inhomogen verteilt, die Farbe basiert auf Harz und ist nur zum Teil wasserlöslich. Kommt es zum Kontakt mit Seewasser, werden die Biozide aus der Farbmatrix herausgelöst, wobei durch eine Zugabe von weiteren Bioziden, sog. Kobiozide (*boosting biocides*), eine physikalisch kontrollierte Freisetzungsrate erreicht wird. Die Leachingrate ist nicht konstant, da die Trägermatrix eine andere Löslichkeit als das Biozid aufweist, so daß zwangsläufig Reste der Trägermatrix (*leachinglayer*) übrig bleiben. Die zunehmende Stärke des Leachinglayers behindert Kontakt des Seewassers mit darunter liegenden Schichten des noch intakten Antifou-

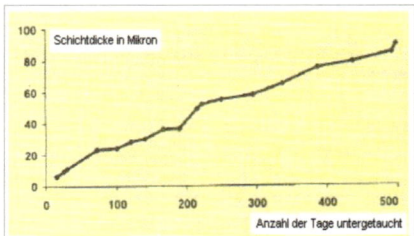

Abb.11: Typische Dicke eines Leachinglayers beim ablativen Antifouling (CDP) [38]

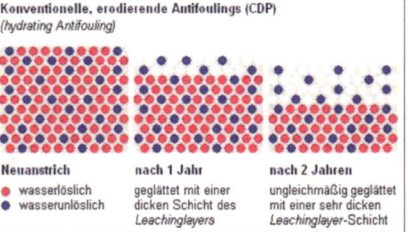

Abb.12: Entstehungsprinzipien eines Leachinglayers beim ablativen Antifouling (CDP)   © *Afeltowicz*

lingsanstriches, so daß die Diffusion der Biozide immer mehr gedämpft wird. In *Abb.*11 [38] ist eine typische Zunahme der Leachinglayerdicke von *CDP* als Zeitfunktion schematisch dargestellt. Die *CDP*-Anstriche sind weder selbstpolierend noch selbstglättend, so daß mit der Zeit auch eine Zunahme der durschnittlichen Rauhigkeit zu erwarten ist. Durch die abnehmende Biozidfreisetzung wird ein Ansiedeln von Mikroorganismen erleichtert, wodurch die Leachingrate noch weiter absinkt und der Foulingprozess unabwendbar beschleunigt wird. Die Lebensdauer dieser Farben beträgt bis zu 36 Monaten an den Seiten und bis zu 60 Monaten auf dem Flachboden des Schiffes. Die Kosten liegen um den Faktor von ca. 1.5

Abb.13: Außenhaut mit einem komplett abgetragenen, für 36 Monate ausgelegten, CDP-Antifouling nach 50 Monaten im Betrieb   © *Afeltowicz*

gegenüber einer vergleichbaren *TBT*-haltigen Farbe mit ähnlicher Performance, allerdings bei nur 0.5-0.7 des Preises für ein *SPC*-System [Kap. 2.6.2]. Beim Trockendocken und vor dem Auftrag einer neuen Farbschicht muß der alte Leachinglayer unter Hochdruck[19] (mind.

---

[19] In weiteren Kapitel wird auch das Hochdruck-Wasserstrahlen angesprochen. Um die Differenzen zwischen den Wasch- und Strahlmethoden mit Wasser deutlich zu machen, werden folgende von einem Hersteller übernommene Definition benutzt: 1) Niedrigdruck-Waschen

Kapitel 2 BEKÄMPFUNG von BEWUCHS
(Abatement of fouling)

400*bar*) mit Wasser ausgewaschen werden. Auf der anderen Seite ist nach Nygren [38] auch eine Farbschicht weniger notwendig als beim *SPC*, was die Kosten des Wasserstrahlens ggf. wieder egalisiert. Für große, seegehende Containerschiffe ist dieses System ungeeignet und wird bei den deutschen Reedereien auf entsprechenden Schiffen weitgehend umgestellt. Für Handelsschiffe in der Küstenschiffahrt, kleinere Bulker sowie Containerschiffe und Tanker mit Dockungsintervallen bis 36 Monaten kann dieses Antifoulingsystem als eine preisgünstigere Alternative angewendet werden.

2.6.2 Selbstglättend selbstpolierende Antifoulings (SPC)
(Self polishing copolymer antifoulings, SPC)

Selbstpolierende Antifoulingfarben (*self polishing copolymer, SPC*) waren in den letzten Jahrzehnten, meist als kopolymergebundene Organozinnverbindungen, die dominierende Technologie der Unterwasserschiffbeschichtungen. Beim Kontakt des *SPC*-Anstriches mit Seewasser werden die chemischen Bindungen an der Grenzfläche gelöst und die Biozide durch Hydrolyse von den Polymeren gleichmäßig freigesetzt. Durch die chemische Bindung des Biozides an die Polymermatrix findet eine langsame und konstante Freisetzung in das Seewasser statt. Bei einer ausreichenden Zersetzung wird, im Gegenteil zu *CDP*, das Polymer selbst löslich. Der Leachinglayer bleibt permanent sehr dünn. In *Abb.*14 [38] wird eine typi-

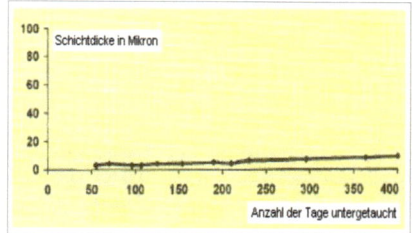
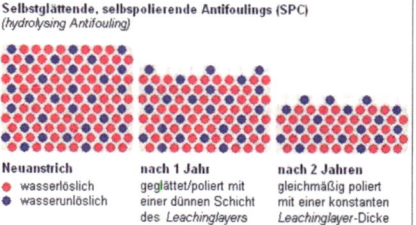

Abb.14: Typische Dicke eines Leachinglayers beim selbstpolierenden Antifouling (SPC) [38]

Abb.15: Entstehungsprinzipien eines Leachinglayers beim selbstpolierenden Antifouling (SPC)   © *Afeltowicz*

sche Zunahme der *SPC*-Leachinglayer-Dicke als Zeitfunktion schematisch dargestellt. Dabei ist die beinahe konstant gebliebene geringe Stärke des Leachinglayers deutlich zu erkennen. Dies hat nicht nur den Vorteil, daß die Rauhigkeit der Oberfläche gegenüber *CDP* geringer bleibt, sondern daß allein durch die chemische Bindung die vorgegebene Wasserlöslichkeit über die Lebensdauer des Anstriches kontrolliert wird und konstant gehalten werden kann.

Durch die geringe Leachingrate kann die Lebensdauer von bis zu 60 Monaten problemlos erreicht werden. Nach Nygren [38] ist die Lebensdauer von *SPC* vor allem dadurch be-

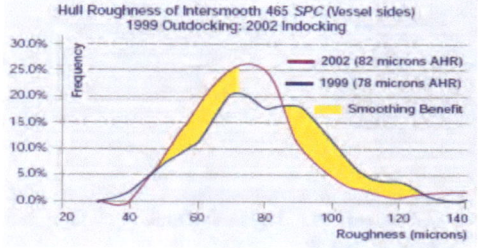

Abb.16: Glättungseffekt beim selbstpolierenden Antifouling (SPC) [50]

---

mit einem Wasserdruck unter 68*bar*, 2) Hochdruck-Waschen mit einem Wasserdruck zw. 68-680*bar*, 3) Hochdruck-Wasserstrahlen mit einem Wasserdruck zw. 680-1700*bar* und Ultra Hochdruck-Wasserstrahlen mit Wasserdruck über 1700*bar*.

schränkt, daß es für den während der Fahrt des Schiffes Schicht für Schicht abzupolierenden Anstrich eine Obergrenze für die Farbdicke gibt. Diese ist für einen Intervall von 5 Jahren, in dem jedes seegehende Schiff mindestens einmal trocken gedockt wird, ohne Gefahr von Rissen und anderen mechanischen Zerstörungsmechanismen an der Farbe ausreichend. Gegenüber den bis zum 1. Januar 2003 marktüblichen *TBT*-Systemen ist die Generation der, meist auf Kupfer basierten, selbstpolierenden Antifoulingfarben bei ähnlicher Performance bedeutend teurer. Einige Hersteller bieten *SPC*-Antifoulings mit weniger toxischen Bioziden wie Zink oder sogar mit nicht-toxischen Komponenten wie Silizium an. Es ist zu erwarten, daß in der näheren Zukunft noch weitere, bisher weniger bekannte, Komponenten hinzukommen. Einige aktuelle Untersuchungen tendieren zur Entwicklung von Polymerverbindungen mit rein organischen, umweltverträglichen Bioziden [40, 41, 105]. Auf eine in ihrer Performance gegen Bewuchs ausgereifte Alternativen mit Bioziden auf organischer Basis wird die Schifffahrt wohl noch einige Zeit warten müssen. Ein weiterer Vorteil vom *SPC* gegenüber *CDP* ist die weniger aufwendige Vorbereitung der Oberfläche für einen Neuanstrich. Während für das komplette Abtragen der Reste des dünnen Leachinglayers ein normaler Hochdruckreiniger (200-350 bar) mit Wasser ausreicht, sind bereits sogar Lösungen als Untergrundanstriche angeboten, die keiner besonderen Nachbehandlung der alten *SPC*-Oberfläche benötigen. Dies gilt auch für Grundierungsanstriche für bizidfreie, silikonbasierte Antifoulings [50].

2.6.3 Hybride selbstpolierende Antifoulings (Hybride-SPC)
(Hybrid self polishing copolymer antifoulings, Hybrid-SPC)

Die *Hybrid*-Technologie stellt eine Kombination der Eigenschaften von *CDP* (hohe Oberflächenstandhaftigkeit und hohes Festkörpervolumen) mit den Charakteristika von *SPC* (permanente Polierate mit konstanter Bizidfreisetzung und geringer Leachinglayerschichtdicke) dar. Diese Zusammensetzung ist durch Zusatz eines hydrolisierbaren Polymers (Kupferacrylat, Kolophonium) zu einem *CDP*-Antifouling entstanden. Die Vorteile beider Technologien wurden mit *Hybrid* in einem Produkt vereint. Durch Zusatz von Mikrofasern, die der

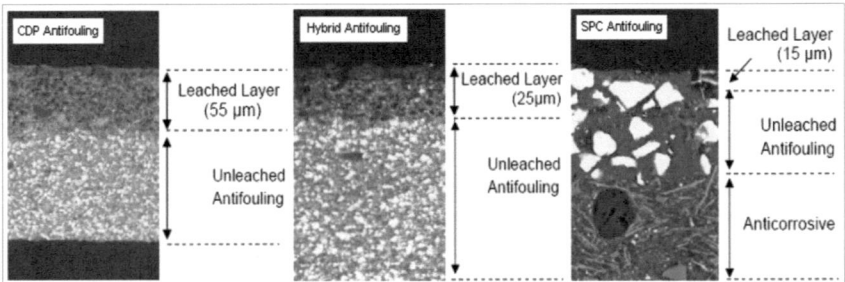

Abb.17: Querschnitte durch die Anstrichschichten von CDP-, Hybrid- und SPC-Antifoulings [43]

Farbschicht eine größere Festigkeit verleihen, ist auch eine Erhöhung des Anteils der funktionellen Bindemittel möglich, wodurch die Polierate variiert werden kann. Die Performance, die die Vorteile beider Technologien vereint, liegt, ähnlich wie der Preis für *Hybrid-SPC*, in einer Spanne zwischen *CDP*- und *SPC*-Antifoulings. In *Abb.*17 [43] sind die Querschnitte von *Hybrid*-, *CDP*- und *SPC*-Antifoulings vergleichend dargestellt. Dabei sind die unterschiedlichen *Leachedlayer*-dicken deutlich zu erkennen.

Kapitel 2   BEKÄMPFUNG von BEWUCHS
(Abatement of fouling)

2.6.4 Kontakt-Leaching-Hartantifoulings
(Contact-leaching antifoulings)

Kontakt-Leaching-Hartantifouling ist ein Anstrichtyp der in der Handelsschiffahrt immer seltener angewendet wird. Dieser Farbetyp basiert auf wasserunlöslichem Harz wie Chlorkautschuk, Acrylkomponenten oder Vinyl [28]; nur die Biozide werden in die Umwelt abgegeben. Ähnlich wie bei einem *CDP*-Antifouling bleibt ein poröser Matrixrest über, wodurch die Rauhigkeit und die weitere Biozidfreisetzung ungünstig beeinflußt werden. Bei Zusätzen von Kupfer bildet sich an der Oberfläche ein wasserunlösliches Kupferkarbonat. Die Freisetzungsrate ist schwer kontrollierbar und nimmt mit der Zeit relativ schnell ab. Durch die sich ansiedelnden Mikroorganismen wird der Foulingprozess beschleunigt. Bei einer Lebensdauer von maximal 24 Monaten besteht ein weiterer Nachteil darin, daß für einen neuen Anstrich die alten porösen Matrixreste kostenintensiv abgestrahlt werden müssen. Bei kleineren Wasserfahrzeugen, deren Dockungsintervalle kurz sind, kann dieser Antifoulingtyp verwendet werden.

2.7 Biozidfreie Antifoulingsysteme
(Biocide-free antifouling systems)

Biozidfreie Antifoulings können grundsätzlich in zwei Gruppen unterteilt werden: in erodierenden Antifoulingtypen, die ähnlich wie biozide *CDP*- oder *SPC*-Antifoulings ablativ oder selbstpolierend arbeiten und in nicht erodierende Beschichtungstypen, die durch ihre besondere Oberflächenbeschaffenheit eine Antihaftwirkung erzielen. Bei beiden Typen wird auf den Eintrag von toxischen Substanzen in die Umwelt vollständig verzichtet, wobei hier eine Komponentenzusammenstellung der Farben meist überwacht und klassifiziert werden muß.

2.7.1 Erodierende biozidfreie Antifoulings
(Eroding biocide-free antifoulings)

Das Wirkungsprinzip ist vergleichbar mit *TBT*-haltigen oder bioziden, *TBT*-freien selbstpolierenden *SPC*-Systemen. Der Unterschied liegt darin, daß die kopolymergebundene und durch Hydrolyse in das Wasser abgegebene Antifoulingsubstanz nicht toxisch, sondern repellent ist. Diese Komponenten konnten bisher im Sediment nicht nachgewiesen werden und ihre biologische Aktivität wird nicht als giftig bezeichnet. Allgemein sind diese Farben jedoch nicht so wirkungsvoll wie ihre biozidhaltigen Verwandten, so daß diese selbstpolierenden ablativen Alternativen nur zu einem geringen Anteil und überwiegend in Sportbootbereich und im Küsten- sowie im Süßwasser operierenden Schiffen angewandt werden.

2.7.2 Nicht erodierende Antifoulings
(Non-eroding antifoulings)

2.7.2.1 *Antihaftbeschichtungen auf Silikonbasis*
(Silicone-based non-stick antifoulings, FRC)

Durch die sehr geringe Oberflächenspannung und die glatte Oberfläche verfügen Silikonfarben über einen ihnen „natürlich" vorgegebenen Abwehrmechanismus[20] gegen Fouling. Dabei

---

[20] Nach Angaben des Verkaufleiters für Schiffsfarben eines der weltweit führenden Unternehmen für Unterwasseranstriche, wurde die „Silikonfarbe" bei Testreihen für andere Antifoulingtypen gegen Ende der 70er Jahren eher zufällig entdeckt. Die eigentlichen Testplatten waren mit Silikon abgedichtet. Während der Stichproben stellte man bei dem in den Fugen eingesetztem Silikon weit bessere Performance ge-

kann der Bewuchs zwar nicht vollständig vermieden werden, allerdings fällt zum einen die Bewuchsdicke viel geringer aus (Schleimbildung) als bei konventionellen Anstrichen, zum anderen kann der dünne Biofilm leicht entfernt werden. Zudem kommt diese Technologie, im Gegensatz zu den konventionell erodierenden Antifoulings gänzlich ohne toxische Substanzen aus und ist alt umweltverträglich einzustufen. Wegen der Eigenschaft der extrem glatten Oberfläche wirken Silikonanstriche außerdem widerstandsreduzierend. Die Silikontechnologie wird in weiteren Kapiteln ausführlich behandelt [Kap. 4].

2.7.2.2 Antihaftbeschichtungen auf Teflonbasis
(Teflon-coated non-stick antifoulings)

Ähnlich wie Silikonanstriche bieten Farben auf Teflonbasis eine sehr glatte Oberfläche und eine sehr geringe Oberflächenspannung; zwei günstige Eigenschaften, um das Anheften von Meeresorganismen zu verhindern. Allerdings bietet der dünne Farbfilm dem Bewuchs eine sehr harte Oberfläche, mit einem über 250 mal höherem Elastizitätsmodul als beim Silikon, die ein dauerhaftes Anheften ermöglicht. Diese Antifoulingbeschichtungen spielen auf dem Markt eine Nebenrolle [47].

2.7.2.3 Selbstreinigende Antihaftoberflächen
(Self-cleaning non-stick surfaces)

Im Rahmen eines *WWF*-Forschungsvorhabens *(World Wide Fund for Nature)* wurden Farben entwickelt, die ein Seehundefell imitierten. Dieser Antifoulingtyp besteht aus kurzen Fasern, die in sehr großer Dichte (200-500 Fasern/mm²) auf dem Schiffsrumpf (mit Hilfe der Elektrostatik) senkrecht zur Schiffshaut aufgetragen sind. Durch die permanente Bewegung der feinen Fasern sollen sich diese gegenseitig reinigen und so vor Makrobewuchs schützen. Mit dieser Technologie wurden bisher nur wenige Testschiffe beschichtet. In den Testversuchen wurden vergleichsweise befriedigende Ergebnisse erzielt, zumal diese Antihaftbeschichtung ohne Biozide auskommt und somit als umweltfreundlich einzustufen ist [48].

2.7.2.4 Weitere Antihaftbeschichtungen
(Other non-stick antifoulings)

Mit der Grundidee der Silikontechnologie, nämlich mit der glatten Oberfläche und geringer Oberflächenspannung den Bewuchsorganismen keine Haftungsmöglichkeiten zu bieten, wurde von einem kleineren Hersteller eine Farbe mit keramischen Füllstoffen und pflanzlichen Lösemittel entwickelt. Die Oberflächendichte wird durch speziell gesteuerte Trocknung von unten nach oben erreicht, wodurch Poren und Krater in der Oberfläche vermieden werden. Durch die nahezu porenfreie Mikroglätte, aber vor allem durch die Makroglätte, sollen Schweißnähte und Ausbesserungsstellen die Antibewuchswirkung nicht negativ beeinflussen. Der Mikrobiofilm, als Grundlage für Makrofouling soll sich auf der Oberfläche nicht fest verankern können, so daß der Bewuchs schon bei 5 *knoten* Geschwindigkeit abgespült wird, bzw. bei stationären Anlagen nach Erreichen eines bestimmtes Eigengewichtes schwerkraftbedingt abfällt [3]. Ein Vorteil dieser Technologie gegenüber Silikonfarben ist der geringere Preis, vorausgesetzt, daß die vom Hersteller prognostizierte Performance auch eintritt. In *Tab.*4 werden die Eigenschaften verschiedener Technologien zusammengefaßt.

---

gen Bewuchs als auf den eigentlichen Teststreifen fest. Diese Entdeckung wurde patentiert und aufgrund der hohen Materialkosten für eine Silikonbeschichtung erst über 20 Jahre später marktreif und wirtschaftlich. Heute ist dieser Farbtyp das Flagschiff des Unternehmens.

Technologie	SPC	SPC	CDP	Silikon-	Teflon-	TBT
Kriterium	3.Generation	2.Generation	1.Generation	Antifouling	Antifouling	Antifouling
Reinigungs-mechanismus	Hydrolyse Biozidhalt. (TBTfrei)	Hydrolyse Biozidhalt. (TBTfrei)	Hydration Biozidhalt. (TBTfrei)	Antihaftung Biozidfrei	Antihaftung Biozidfrei	Hydrolyse TBT-haltig
Polymertyp	Organosilyl-acrylatepolymer	Metallic Acrylatepolymer	Gum Rosin (Harz)-sensitivepolymer	Silikonepolymer	Teflon (fluoro)-polymer	Organotin-Acrylatepolymer
garantierte Lebensdauer	5 Jahre	5 Jahre	3 jahre	5-15 Jahre	3-5 Jahre	5 Jahre
relative Performance	95%	90%	60-80%	90-95%	60-80%	70-98%
relative Preiskategorie	hoch	hoch	mäßig	sehr hoch	mäßig-hoch	niedrig
Umweltbelastung	sehr hoch	sehr hoch	sehr hoch	mäßig beim Silikonöleinsatz	niedrig	extrem hoch

Tab.4: *Die wichtigsten Eigenschaften verschiedener Antifouling-Technologien*

2.7.3 Alternative Bewuchsschutzmaßnahmen
(Alternative protection mechanisms against fouling)

2.7.3.1 *Elektrochemischer Bewuchsschutz*
(Electrochemical protection against fouling)

Die Vermeidung der Ansiedlung von Mikro- und Makroorganismen wird bei dieser Methode durch eine periodische Unter-Strom-Setzung des speziellen, leitfähigen Anstriches erreicht. Das Verfahren bietet den Vorteil, daß die Stromstärke entsprechend der Größe des Foulings steuerbar ist. Ein Hauptproblem sind die Herstellung und vor allem die Materialkosten eines wirtschaftlich marktreifen Anstriches für diese Technologie [49].

2.7.3.2 *Bewuchsschutz durch Ultraschall, ultraviolette Strahlung und Erwärmung*
(Protection against fouling with supersonic, ultraviolet radiation and heating)

Bewuchsschutzmethoden durch Ultraschall, ultraviolette Strahlung oder Erwärmung sind als nichttoxische Alternativen entwickelt und als effektiv eingestuft worden [51, 52]. Diese Methoden eignen sich jedoch überwiegend für kleinere Wasserfahrzeuge. Die enormen Kosten sowie auch schwere technische Umsetzung auf großen Schiffen sind die Hauptgründe warum diese Technologien für wirtschaftlich operierende Seehandelsschiffe keine Rolle spielen. Ein marktreifes Ultraschallsystem wird in den USA angeboten und effektiv bei Sport- und Schnellbooten angewendet [53].

2.7.3.3 *Imitationen der Natur*
(Imitations of nature)

In einigen Untersuchungen wird versucht eine Imitation von natürlicher, in der Natur vorhandenen, Antihaftstrukturen als eine technische Lösung nachzuahmen. Imitationen von Haifischhaut (elastisch bewegte Streifen), Delphinhaut (gelartiger Überzug *–hydrogels and viscous layers*) oder von Robbenfell haben trotz aufwendiger Forschungsarbeiten zu noch keiner marktreifen Lösung geführt. Die Hoffnung auf eine wirtschaftlich sinnvolle von der Natur imitierte Lösung wurde nach den Ergebnissen der letzten Jahre deutlich gedämpft, allerdings wird weiter intensiv nach solchen Alternativen gesucht. Bei der „Haifischhaut"-Oberfläche (*Abb.*18) [55] spielt nach derzeitigen Erkenntnissen nicht nur die Form der Oberfläche eine Rolle sondern auch die Härte des Materials und seine Mikrotopographie. Es konnte versuchsweise eine Folie entwickelt werde, die die Haifischhaut imitiert. Auf der künstlichen Haihautoberfläche konnte zudem ein um 67% verminderter Bewuchsbefall gegenüber einer unstrukturierten Substratsoberfläche festgestellt werden [54].

Kapitel 2 *BEKÄMPFUNG von BEWUCHS*
(Abatement of fouling)

Abb.18 (Bild links): 1) Elektronenmikroskopische Aufnahme der Haifischhaut des großen weißen Hais [55]
Abb.18 (Bild rechts):2) Imitation der Haischuppen (Effekt der Reibungsminderung ca. 3,5%) [55]
© I.Rechenberg, Technische Universität Berlin

Weitere interessante Erkenntnisse aus der Beobachtungen der Natur wurden an Fischen gewonnen, die zum Bewuchsschutz und vorm allem zur Dämpfung der widerstandinduzierenden Mikrowirbel eine Schleimschicht an ihrer Haut erzeugen. Dabei werden bei Antihaftbeschichtungen auf Silikonbasis ähnliche Eigenschaften, sowohl im Hinblick auf den Bewuchsschutz (weiche Oberfläche) wie auch die widerstandvermindernde Effekte (Fischschleim = Schleimbildung auf Silikonanstrichen) vermutet.

2.7.3.4 Weitere Möglichkeiten des Bewuchsschutzes
(Other eventualities of protection against fouling)

Weiterreichende Überlegungen erwägen einen effektiven Bewuchsschutz mit Hilfe von Magnetfeldern oder mit Plastikfolien, die zusammen mit dem Aufwuchs abgezogen werden. Ebenso wurde überlegt, das Wasser um ein Schiff, unter Einsatz einer Plastikhülle, zu sterilisieren und so den Bewuchsorganismen die Lebensgrundlage zu nehmen [56]. Eine solche Maßnahme wäre bei Seeschiffen nur unter enormen Kosten möglich und ist wohl keine wirtschaftliche Lösung. Eine andere bei Küstenschiffen oder kleineren Fahrzeugen oft beobachtete Methode zur Bewuchsvermeidung ist der Wechsel der Salinität, d.h. ein zeitlich beschränktes Operieren oder Liegen eines Wasserfahrzeuges im Süßwasser. Aufgrund von bestimmten Einsatzprofilen kann es sogar denkbar sein, vollständig auf Antifoulingprodukte verzichten zu können. Eine zwischen Gibraltar und Mittelfinnland (Süßwasser Saimaseen) operierende Hamburger Reederei berichtet über vollständigen Verzicht auf Antifoulingprodukte. „Die Warmwasserbewohner des Salzwassers geben im Frischwasser des Saimaa-Gebiets auf, und ebenso halten es die Tierchen und Pflanzen des Frischwasserareals im ungeliebten Salzwasser nicht aus."[21] Lediglich eine Bildung von einem Algenbart in den Sommermonaten ist die Folge [5].

Die unterschiedlichen Methoden, Bewuchs zu vermeiden, haben das Ziel, die Außenhaut des Schiffes glatt zu halten und somit seinen Gesamtwiderstand zu verringern, um Leistung/Brennstoff zu sparen bzw. mit gegebener Maschinenleistung die Geschwindigkeit halten zu können. Im nächsten Kapitel werden die Zusammenhänge zur Leistung und Widerstand einführend erläutert und es werden Methoden vorgestellt, wie die Steigerung der Oberflächenrauhigkeit in Form vom gesteigerten Widerstand ausgedrückt werden kann.

---

[21] Zitat: R. Laufer beim Tagungsband der *WWF* 2002 „TBT-freie Antifoulinganstriche für die Seeschifffahrt" im Juni 2002 in Hamburg

Kapitel 3 THEORETISCHE GRUNDLAGEN zur LEISTUNG und WIDERSTAND
(Theoretical fundamentals of engine power and resistance)

3. Theoretische Grundlagen zur Leistung und Widerstand *(Theoretical fundamentals of engine power and ship resistance)*

3.1 Leistung eines Schiffes
(Effective engine power)

Grundlage zur Bestimmung des Leistungsbedarfs eines neuen Schiffes ist sein Widerstand. Die Bestimmung der einzelnen leistungsbestimmenden Faktoren kann nur über die einzelnen Widerstandkomponenten erfolgen [57]. Um den Widerstand (*resistance*) R_T in [kN] bei gegebener Geschwindigkeit V in [m/s] zu überwinden, ist eine Schleppleistung (*effective power*) P_E in [kW] notwendig:

$$P_E = R_T \cdot V \qquad (4.1)$$

bzw. mit:
$$R_T = C_T \cdot \left(\frac{1}{2} \cdot \rho \cdot V^2 \cdot S\right) \qquad (4.2)$$

zu:
$$P_E = C_T \cdot 1/2 \cdot \rho \cdot V^3 \cdot S \qquad (4.1b)$$

wobei C_T den dimensionslosen Widerstandsbeiwert, ρ die Dichte des Fluids in [kg/m³] und S die benetzte Oberfläche (*wetted surface*) in [m²] darstellt.
Der Propeller liefert die Schubleistung (*thrust power*) P_T in [kW]:

$$P_T = T \cdot V_A \qquad (4.3)$$

wobei T den Schub (*propeller thrust*) in [kN] und V_A die Fortschrittsgeschwindigkeit (*speed of advance of propeller*) in [m/s] darstellt. Dabei muß der Schub in der Regel größer als der Widerstand sein, da der Propeller zusätzlich einen Sog erzeugt. Die Hauptmaschine stellt an der Welle eine Wellenleistung (*shaft power*) P_S zur Verfügung, wobei diese über den Propulsionswirkungsgrad η_T in Vortrieb umgewandelt wird. Die Wellenleistung P_D ist allerdings viel größer als die Schleppleistung P_E, da auf dem Weg (von der Maschine zum Propeller) Leistungsverluste entstehen:

$$P_E = P_S \cdot \eta_T \qquad (4.4)$$

Der Propulsionswirkungsgrad (Gesamtwirkungsgrad) η_T liegt in einer Größenordnung von ca. 0.7 und setzt sich aus dem Schiffseinflußgrad (*hull efficiency*) η_H, Propellerfreifahrtswirkungsgrad (*open water propeller efficiency*) η_O, Gütegrad der Anordnung (*relative rotative efficiency*) η_R sowie aus den mechanischen Verlusten (*mechanical efficiency*) η_M und den Verlusten der Wellenanlage (*shafting efficiency*) η_S zusammen. Der Gesamtwirkungsgrad kann ausgedrückt werden zu:

$$\eta_T = \eta_H \cdot \eta_B \cdot \eta_S \cdot \eta_M \qquad (4.5)$$
mit
$$\eta_B = \eta_O \cdot \eta_R \qquad (4.6)$$

wobei η_B den Wirkungsgrad des am Hinterschiff arbeitenden Propellers (*efficiency of propeller working aft of the ship*) darstellt. Auf weiterreichende Erläuterungen zur Schiffsleistung wird verzichtet und auf die ausführlichen Standardwerke verwiesen [57, 58, 59].

Kapitel 3   THEORETISCHE GRUNDLAGEN zur LEISTUNG und WIDERSTAND
(Theoretical fundamentals of engine power and resistance)

3.2 Widerstand eines Schiffes
(Resistance of a ship)

Eine der wichtigsten Aufgaben des Schiffbauingenieurs ist, für einen entworfenen Schiffskörper, den Leistungsbedarf zu bestimmen. Die erforderliche Leistung, die aufgebracht werden muß, um eine bestimmte Fortbewegungsgeschwindigkeit zu erreichen, kann nur dann prognostiziert werden, wenn der zu überwindende Widerstand bekannt ist. Der Widerstand eines Schiffes hängt von verschiedenen Faktoren, wie z.B. Fahrtgeschwindigkeit, Schiffsform oder Wassertemperatur ab. Mit steigender Geschwindigkeit nimmt auch der Widerstand eines Schiffes zu, wobei diese Abhängigkeit nicht linear ist.

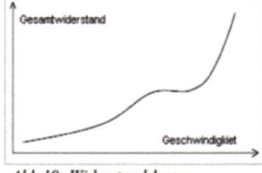

Abb.19: Widerstandskurve

3.2.1 Gesamtwiderstand und seine Teilkomponenten
(Total resistance and their components)

Der Gesamtwiderstand R_T eines Schiffes bei gegebener Geschwindigkeit ist die Kraft, die überwunden werden muß, um das Schiff in Bewegung zu setzen. Der Widerstand R_T kann in seine Komponenten gesplittert werden, die nach Art und Ursache ihres Auftretens unterschieden werden. Die einzelnen Teilwiderstände stehen in einem engen Verhältnis zueinander und beeinflussen sich teilweise gegenseitig. Die Komplexität ihrer Interaktion untereinander, und die Folgen der zwischen den einzelnen Widerständen herrschenden Wechselwirkungen, sind in Fachliteratur ausführlich behandelt worden [57, 58, 59]. Im Rahmen dieser Ausarbeitung wird nur ein grober Überblick über die wichtigsten Elemente des Gesamtwiderstandes verschafft, um die Zusammenhänge, im Hinblick auf die Reibungswiderstanderhöhung durch steigende Rauhigkeit verständlicher machen zu können.

Zum Vortrieb des Schiffes muß nach Harvald [57] der Reibungswiderstand R_T, der Normal-/ Druckwiderstand R_R sowie der Zusatzwiderstand R_A überwunden werden. Diese Teilwiderstände können, wie in *Abb.*20 dargestellt, noch weiter unterteilt werden.

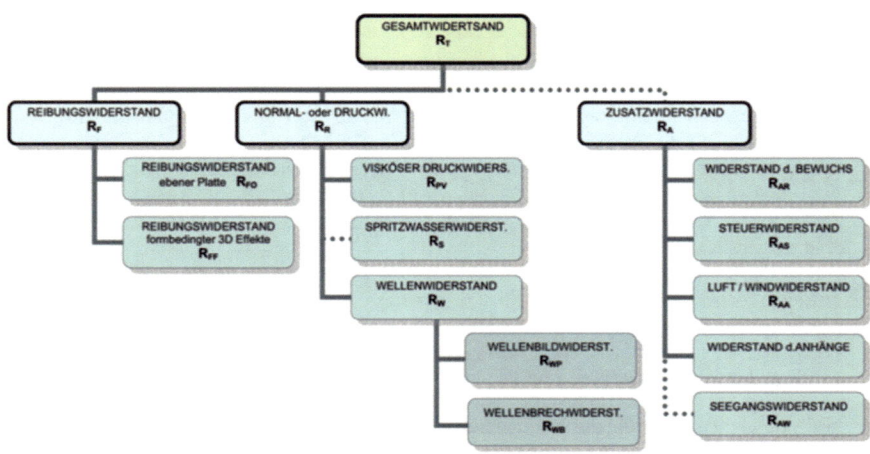

Abb.20: Widerstandskomponenten für schiffbauliche und meerestechnische Konstruktionen   © *Afeltowicz*

Kapitel 3   THEORETISCHE GRUNDLAGEN zur LEISTUNG und WIDERSTAND
(Theoretical fundamentals of engine power and resistance)

Weitere Komponenten wie z.B. Widerstand im beschränkten Wasser (Flachwasser, Kanäle) oder Gefällewiderstand (Ebbe/Flut, Gefälleströmung) treten bei bestimmten Bedingungen auf und sind im Diagramm nicht explizit aufgeführt worden. Andere Autoren legen einen größeren Wert auf weitere Teilkomponenten, wie z.B. Widerstand durch zusätzlichen Druck am Wulstbug R_{BOW} oder am Heckspiegel R_{TR} [60, 61].

In *Abb*.21 [57] sind die wichtigsten Widerstandskomponenten graphisch dargestellt, wobei die Abszisse die Froudezahl F_n und die Ordinate den Widerstandsbeiwert C_T darstellt. F_n und C_T sind definiert als:

$$F_n = \frac{V}{\sqrt{g \cdot L}} \tag{4.7}$$

$$c_T = \frac{R}{0.5 \cdot \rho \cdot V^2 \cdot S} \tag{4.8}$$

wobei V die Geschwindigkeit, L die Schiffslänge, S die benetzte Oberfläche des Körpers, g die Gravitationskonstante an der Erdoberfläche und ρ die Dichte des Fluids darstellen.

Wie in der Abbildung, die einen groben qualitativen Überblick verschafft, leicht erkennbar, ist der Anteil des Reibungswiderstandes erheblich. Insbesondere für langsamere Schiffe (~kleinere Froudezahlen) kann die Reibung bis zu 75% des Gesamtwiderstandes ausmachen, wie das z.B. bei langsam fahrenden Tankern der Fall sein kann [62]. Für schnell fahrende Schiffe (höhere F_n) wie Fregatten, Fähren oder Containerschiffe spielt die Wellenbildungsenergie anteilig eine immer größere Rolle. Es ist weiterhin zu erkennen, daß es günstigere Froudezahlen gibt und welche, die ungünstiger erscheinen. Die Froudezahl, welche ähnlich der sog. *Speed-Lenght-Ratio-Zahl (SLR = $V/L^{1/2}$)* ein Verhältnis zwischen der Geschwindigkeit des Schiffes und seiner Länge wiedergibt, sollte aus wirtschaftlichen Gründen nicht Werte in Bereichen der Kurvenberge erreichen, bzw. ein Schiff sollten nicht in diesen Bereichen betrieben werden. Dieses Phänomen resultiert daraus, daß jedes Schiff bei einer bestimmten Geschwindigkeit hydrodynamisch ungünstige Wellen erzeugt, die sich überlagern und verstärken. Für den Betreiber des Schiffes ist es deshalb wichtig die Dauerbetriebsgeschwindigkeiten so zu wählen, daß die einzeln erzeugten Wellen (Bugwelle, vordere und

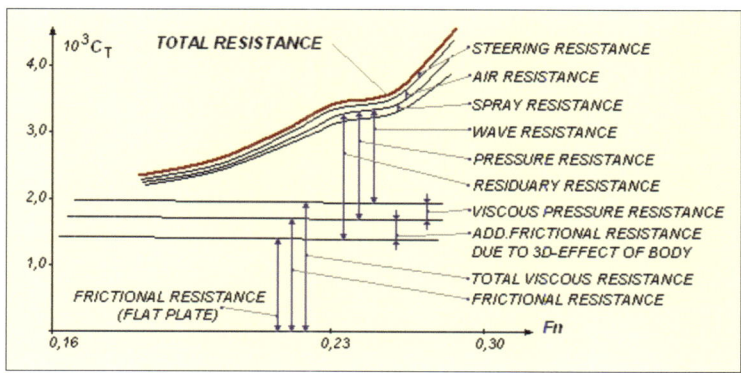

Abb.21: Widerstandskomponenten nach Harvald [57]

hintere Schulterwelle, Heckwelle usw.) sich nicht verstärken, sondern gegenseitig auslöschen. Unabhängig davon, wie groß der Anteil des Reibungswiderstandes am Gesamtwiderstand ist, sollte es stets das Bestreben eines Konstrukteurs und Betreibers sein jeden Widerstandsanteil zu optimieren und minimal zu halten. So kommt insbesondere der Rauhigkeit der Oberfläche, als einem bestimmenden Faktor für den Reibungswiderstand, eine besondere Bedeutung zu. Ein Unterwasseranstrich wird im Hinblick auf den Reibungswiderstand durch seine physikalische Rauhigkeit und durch seine Effektivität gegen Fouling definiert. Die physikalische und biologische Mikro- und Makrorauhigkeit sind mitunter die bestimmenden Faktoren für ein ökonomisches Betreiben eines Schiffes und müssen regelmäßig beobachtet und bei Bedarf mit Wartungsarbeiten verbessert werden.

Genauere Erläuterungen und physikalische Ursachen des Widerstandes und seiner Teilkomponenten wurden in der Literatur zahlreich ausgeführt; an dieser Stelle sei auf weiterreichende Referenzen wie Harvald [57], Guldhammer [58], Krüger [60] verwiesen

3.2.2 Auswirkungen der Rauhigkeitszunahme auf den Schiffswiderstand
(Consequence of increased roughness for the ship resistance)

Die ökonomische Bedeutung des Zustandes der Außenhaut im Unterwasserschiffsbereich darf nicht unterschätzt werden. Jede Rauhigkeitssteigerung des Anstriches kann die Betriebskosten (*operating costs*) merklich in die Höhe treiben. Ein Leistungsmehrbedarf von bis zu 40% kann die Folge vom schweren tierischen Bewuchs sein. Die Schiffswiderstandssteigerung durch erhöhte Rauhigkeit wird über die Betriebsperiode eines Schiffes durch Fouling, Beschädigungen der Außenhaut wie Rost, mechanisch verursachte Deformierungen (Treibguteinwirkung im Vorschiffsbereich, örtliche Rumpfbeschädigungen im Mittschiffsbereich aufgrund Kanalbeschädigungen oder Pierberührungen), oder durch werftbedingte Unebenheiten der Außenhaut (Plattenunebenheit, Plattenstöße, Schweißnähte, Schweißnahtqualität) verursacht. Trotz des Einsatzes von selbstpolierenden Antifoulingsystemen steigt der die mittlere Oberflächenrauhigkeit des Rumpfes und damit der Reibungswiderstand permanent an. Die verschiedenen Erscheinungsformen von Rauhigkeit können in physikalische und biologische Rauhigkeit aufgeteilt werden (*Abb.*22) [66]:

Kapitel 3   THEORETISCHE GRUNDLAGEN zur LEISTUNG und WIDERSTAND
(Theoretical fundamentals of engine power and resistance)

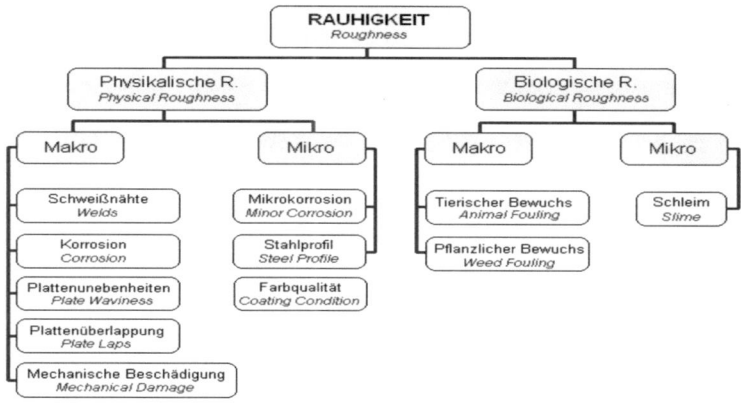

Abb.22: Erscheinungsformen und –Ursachen von Außenhautrauhigkeit [66]

- **Physikalische Makrorauhigkeit**: Plattenunebenheit, Plattenstöße, Schweißnähte, Schweißnahtqualität, mechanische Beschädigungen, Korrosion
- **Physikalische Mikrorauhigkeit**: Stahlqualität, Farbanstrichart, Anstrichqualität
- **Biologische Makrorauhigkeit**: Algenbewuchs, Tierischer Bewuchs
- **Biologische Mikrorauhigkeit**: Schleimbildung

Im Gegensatz zu wetterinduzierten Widerständen wirkt die Widerstanderhöhung durch Rauhigkeit kontinuierlich und erfordert andauernd Mehrleistung der Maschine, was wiederum einen permanent höheren Kraftstoffverbrauch zur Folge hat. Eine genaue Vorhersage über den Rauhigkeitszuwachs kann aufgrund der vielen, auch innerhalb eines Dockungsintervalls, variierenden Faktoren in der Containerschiffahrt (Fahrgebiet, Liegezeiten, Wassertemperatur etc.) nicht exakt getroffen werden. Im Hinblick auf eine wirtschaftlich sinnvolle Planung von Dockungsintervallen, Anstrichverbesserungen und Neubeschichtungen sollte eine Abschätzung der Rauhigkeit und deren Auswirkungen auf den Schiffbetrieb gemacht werden. Eine Gegenüberstellung der Kraftstoffmehrkosten durch erhöhte Rauhigkeit den Kosten für eine Rumpfreinigung (Dockung, Reinigung, Materialkosten etc.) sollte möglichst detailliert vorgenommen werden. Auch ein ökonomischer Vergleich verschiedener Farbsysteme kann wirtschaftliche Vorteile mit sich bringen. Als Beispiel für solche Überlegungen soll die Applikation von vier Containerschiffen einer großen deutschen Reederei, teils mit Silikon- und teils mit *SPC*-Antifouling, herangezogen werden. Durch die wenig widerstandsfähige Silikonschicht sind starke lokale Materialabträge der Silikonfarbe die Folge. Eine Kombination aus der glatten Silikonfarbe auf dem Schiffsboden, den Seiten und dem Vor- und Achterschiff und einem widerstandsbeständigeren *SPC*-Antifouling an den, Berührungen ausgesetzten, Seiten im Mittschiffsbereich war die Lösung auf die leicht zu beschädigenden Silikonbeschichtungen bei Panamaüberfahrten. Das Ergebnis erwies sich nach vorläufigen Beobachtungen (Erfahrungen der Reederei nach 10 Monaten im Betrieb) als eine sinnvolle Entscheidung und soll auf weitere Schiffe übertragen werden. Nach Meinung des Ingenieurs der Reederei müssen allerdings von der Industrie noch weitere Anstrengungen vorgenommen werden, um die Persistenz von Silikonfarben gegen mechanische Beschädigungen zu steigern.
Eine plausible Methode zur Bestimmung des Zusatzwiderstandes aufgrund der Rauhigkeitszunahme ist der Vergleich von Probefahrtdaten mit Messungen, die unter gleichen Bedin-

Kapitel 3   *THEORETISCHE GRUNDLAGEN zur LEISTUNG und WIDERSTAND*
(Theoretical fundamentals of engine power and resistance)

gungen (ruhige See, Windstärke *Bft*.2, Entwurfstiefgang, unvertrimmt) nach einer bestimmten Zeit durchgeführt werden. In der Praxis der kommerziellen Schiffahrt ist ein solches Unternehmen in der Regel nicht möglich. Eine einfache Methode wäre die Auswertung von Betriebsdaten, die unter ähnlichen Bedingungen dokumentiert wurden. Hierbei mußte festgestellt werden, daß beim Herausfiltern der Betriebspunkte im Bereich der Probefahrtrandbedingungen nur wenige Daten übrig bleiben und eine aussagekräftige Bewertung unmöglich machen.

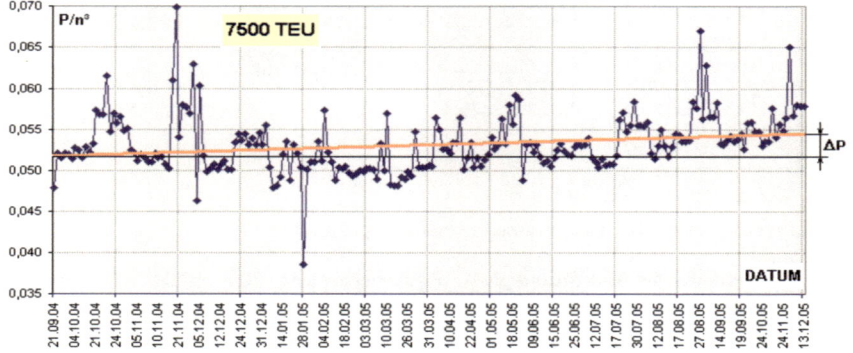

Abb.23: Propulsionskurve eines 7500-TEU- Containerschiffes als Trendlinie der Betriebspunkte aus P/n³
© *Afeltowicz*

Aus einem Ansatz der Auswertung der Propulsionskurve P/n^3 in Abhängigkeit der Zeit, die durch die hydrodynamischen Eigenschaften des Rumpfes, des Propellers und durch die Maschine beschrieben wird, können Rückschlüsse auf eine Leistungssteigerung in Abhängigkeit der Rauhigkeitszunahme gezogen werden [67]. Die Propellerprobefahrtskurve dürfte die untere Grenze für P/n^3 bilden, die Propulsionswerte sollten um einen Mittelwert schwanken, der in normierter Form im Belastungsdiagramm als Propellerkurve bekannt ist. Werden die Betriebspunkte über die Zeit aufgetragen und eine lineare Trendlinie dieser Werte gebildet, bedeutet der Anstieg der Trendlinie die Verschiebung der Propellerkurve. In *Abb.*23 ist eine solche Auswertung für ein 7500-*TEU*-Referenzschiff exemplarisch dargestellt. Der eingezeichnete Wert *ΔP* entspricht der allgemeinen Erhöhung des Leistungsbedarfs (z.B. durch Erhöhung des rauhigkeitsbedingten Reibungswiderstands). Dabei ist allerdings zu beachten, daß für solche Betrachtungen Beobachtungen über einen längeren Zeitraum notwendig sind und daß die Betriebsbedingungen (Fahrtgebiet und Wetterbedingungen, Beladungszustände, Charterer und deren Philosophie ein Schiff zu betreiben) gleich bleiben sollten, da diese Faktoren die mittlere Propulsionskurve stark beeinflussen. Haben sich diese Bedingungen verändert, ist zu prüfen, inwiefern diese in die Propellerkurve eingehen. Bei dem vorliegenden Beispiel des 7500-*TEU*-Schiffes sind sowohl der Charterer, als auch das Fahrtgebiet und der Fahrplan (Beladungszustände) seit Beginn der Messungen gleich geblieben.

Kapitel 3   THEORETISCHE GRUNDLAGEN zur LEISTUNG und WIDERSTAND
(Theoretical fundamentals of engine power and resistance)

3.2.2.1 Mittlere Rauhigkeit, durchschnittliche Rauhigkeit und Rauhigkeitsmessung
(Modal Hull Roughness, Average Hull Roughness, measurement of roughnes)

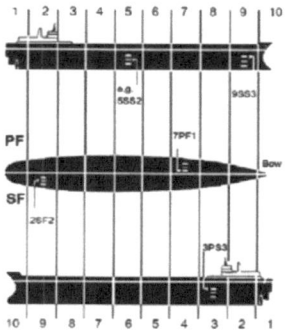

Die Rauhigkeit eines Schiffsrumpfes kann mit einfachen Mitteln gemessen werden. Das von der *British Marine Technology* entwickelte Verfahren *"Hull Roughness Analyser"* ermöglicht ein direktes Ablesen der mittleren Rumpfrauhigkeit *MHR* (*Mean Hull Roughness*) in Mikrometern [μm]. Ermittelt wird die maximale Erhebung (*peak*) und der tiefste Punkt (*lowest trough*) für die jeweiligen 50*mm* der gemessenen Außenhautlänge (*Abb.*25). Um die durchschnittliche Rauhigkeit-*AHR* (*Average Hull Roughness*) für einen Schiffskörper anzugeben, sind 10-15 Messungen pro Lokation (ca. 750-1000*mm*) an mindestens 100 Stellen notwendig. Dafür wird das Schiff in Abschnitte nach Steuer- und Backbord, und jeweils Seiten und Flachboden systematisch aufgeteilt (*Abb.*24). Mit 1000 bis 1500 einzelnen Messungen kann, nach *BMT*, die Rauhigkeit-*AHR* als arithmetischer Mittelwert angegeben werden (*Abb.*26)[66].

Abb.24: Unterteilung des Schiffes für eine Rauhigkeitsmessung nach BMT [66]

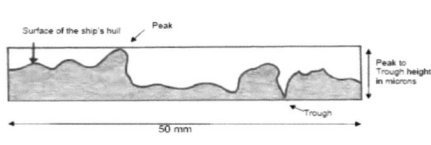

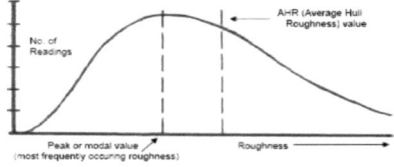

Abb.25: Ermittlung der mittleren Rumpfrauhigkeit (MHR) an einer Meßlänge [66]

Abb.26: Quantitative Häufigkeitsverteilung von MHR [66]

3.2.2.2 Physikalische Rauhigkeit
(Physical roughness)

Die durchschnittliche Rauhigkeit nimmt mit wachsendem Alter des Schiffes in der Regel ständig zu. Durch das aufwendige und kostenintensive Sandstrahlen[22] (*gritblasting*) kann die Rauhigkeit verbessert werden. Wobei das Sandstrahlen, in Abhängigkeit von der Sandkorngröße, eine unterschiedliche Oberflächengüte und somit ungleiche Reibungseigenschaften liefern kann [114]. Alternativ zu Sandstrahlen wird, insbesondere bei deutschen Reparaturwerften, das Hochdruck-Wasserstrahlen (*hydroblasting*) angeboten. Dabei werden mit einem Druck von ca. 1400*bar*, ähnlich wie beim Sandstrahlen, sämtliche Farbreste, Verunreinigungen und ggf. Bewuchs bis auf blankes Stahl abgetragen.
Eine Neuapplikation ohne Sandstrahlen erhöht die durchschnittliche Rauhigkeit um ca. 40μm-80μm. Jährliche Rauhiget-*AHR*-Steigerungsraten erreichen Werte von ca. 5μm bei silikonbasierten (*FRC*) - über 20μm bei selbstpolierenden (*SPC*)- und bis zu 40-100μm bei konventionellen (*CDP*)-Antifoulings. Diese Rauhigkeitszunahmen bedeuten Widerstanders-

---

[22] Die Standards für das Sandstrahlen sind in ISO 8501-1:1988 definiert, die die vom *Swedish Corrosion Institute* vom American Society für Testing & Material (*ASTM*) und von der Society für Protective Coatings (*SSPC*) entwickelten sog. Schwedischen Standards (SIS 05 59 00) übernehmen.

Kapitel 3   THEORETISCHE GRUNDLAGEN zur LEISTUNG und WIDERSTAND
(Theoretical fundamentals of engine power and resistance)

höhungen, die wiederum eine Brennstoffkostensteigerung zur Folge haben. Nach Anderson [66] stellt die *Abb*.27 einzelne Anstrichtypen im Hinblick auf den Brennstoffverbrauch vergleichend gegenüber. Dabei ist deutlich zu erkennen, daß aus ökonomischer Sicht momentan nur zwei Technologien für Dockungsintervalle von 60 Monaten in Frage kommen, wobei die teureren Silikonantifoulings die bessere Performance bieten. Für *CDP*-, Hybrid- und *SPC*-Technologien sind bei Erstapplikationen bestimmte Rauhigkeiten als anzustrebende Werte angegeben. Während konservative Angaben eine Anfangsrauhigkeit für *SPC* von *AHR*= 150μm annehmen (koreanische Werften bei Neubauten 2006), werden von Townsin [68] für *SPC*-Systeme durchschnittliche Rauhigkeiten zw. 80μm-100μm als anzusteuernden Wert vorgegeben. Harvald [57] gibt für Neubauten *AHR*-Werte unter 100μm als Zielvorgaben an. Die unter Laborbedingungen niedrigste erreichte Rauhigkeit mit Silikon liegt bei 40μm,

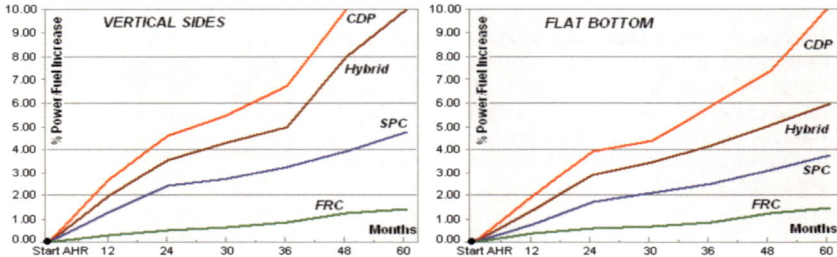

Abb.27: Brennstoffmehrverbrauch schneller Containerschiffe für verschiedene Anstrichtypen in Abhängigkeit von der Zeit: 1) Bild links: für die Seiten des Schiffes [66], 2) Bild rechts: für den Flachboden [66]

während der beste gemessene Schiffsrumpf mit einem *SPC*-System mit *AHR*= 78μm angegeben ist [68]. Anderson [69] gibt eine Rauhigkeit-*AHR* für eine *TBT*-freie *SPC*-Beschichtung (beschichtet für aufwendige Plattenversuche unter optimalen, in der Praxis nur schwer erreichbaren Bedingungen) mit einem Wert von 75μm an.
Zusammenfassend kann mit Angaben von verschiedenen Autoren [68, 69, 70, 71], folgende Einschätzung über die Güte von Rauhigkeit-*AHR* nach einer Applikation aufgestellt werden:

- *AHR* < 80μm - beste Oberflächen (Silikonantifoulings)
- *AHR* = 80μm...120μm - sehr gute Oberflächen für *SPC*
- *AHR* = 120μm...150μm - durchschnittliche Oberflächen für *SPC/CDP*
- *AHR* = 150μm...230μm...   - mäßige Oberflächenqualität
- *AHR* = 250μm...350μm...   - schlechte Oberflächenqualität

3.2.2.3 Biologische Rauhigkeit
(Biological roughness)

Durch Bewuchs verursachte Steigerungen des Reibungswiderstandes können für den Brennstoffbedarf gravierende Folgen haben. In *Abb*.28 [66] sind die Auswirkungen des biologischen Mikro- (Schleimbildung) und des Makrofoulings (Algenbewuchs und Muschelbefall) auf den Widerstand nach Anderson [66] angegeben. Dabei wird jedoch die gesamte benetzte Oberfläche als bedeckt angenommen. Widerstandssteigerungen bis zu 40% beim starken Muschelbewuchs[23] können die Wirtschaftlichkeit eines Schiffes nicht nur erheblich negativ beeinflussen, sondern sogar dessen Profitabilität in Frage stellen. Insbesondere bei langen

---

[23] Beim Muschelbewuchs auf auf 25% der benetzten OF würde Anderson 0,25 x 40% = 10% als max. Widerstandssteigerung annehmen.

Kapitel 3   THEORETISCHE GRUNDLAGEN zur LEISTUNG und WIDERSTAND
(Theoretical fundamentals of engine power and resistance)

Liegezeiten (z.B. Aufliegezeiten), was in der Containerlinienschiffahrt allerdings nur in Ausnahmefällen passiert, in warmen Gewässern oder auch in Gewässern mit hohem Salzgehalt kommt es verstärkt zum biologischen Bewuchs des Schiffsrumpfes. Die biologische Rauhigkeit kann in ungünstigen Fällen bis zu mehreren Zentimetern anwachsen. Dies erhöht nicht nur den Widerstand, sondern in einem erheblichen Maße auch das Gewicht des Schiffes. Zusammenfassend ist festzustellen, daß Fouling jeder Art vermieden werden muß; passiv, durch die Wahl einer geeigneten Antifoulingbeschichtung, und auch durch aktives Entfernen des Bewuchses mittels Auswaschen, Sandstrahlen oder Hochdruckwasserstrahlen im Trockendock oder auch mit Methoden der Unterwasserreinigung.

Abb.28 1) (Bild links): Widerstandszuwachs in Folge vom Schleimbewuchs ca. 1-2% [66]
Abb.28 2) (Bild mittig): Widerstandszuwachs in Folge vom Algenbewuchs bis zu 10% [66]
Abb.28 3) (Bild rechts): Widerstandszuwachs in Folge vom Muschelbewuchs bis zu 40% [66]

Die Auswirkungen der Schleimbildung auf den Reibungswiderstand sind noch nicht ausreichend erforscht. Einige Autoren gehen bei bestimmten Arten des Schleims in Kombination mit Silikonbeschichtungen sogar von Reibungsreduzierungen durch die Dämpfung turbulenter Mikrowirbel aus, wie das bei Fischen [55, 72] oder Delphinen [73] der Falls ist. Die fadenartigen Moleküle des Fischschleims haften an der Körperoberfläche und bilden ein dämpfendes Molekülfell. Die Strömung bleibt so länger laminar und erzeugt weniger Reibungswiderstand [55]. Untersuchungen solcher Hypothesen und die Übertragung dieser Phänomene in die Unterwasseranstrich-Technologie sind nach Townsin [104] der nächste Schritt bei der Weiterentwicklung von Silikonbeschichtungssystemen.

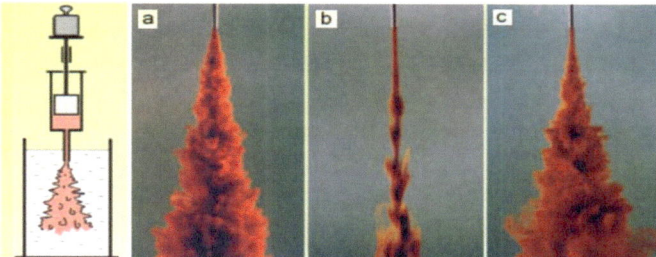

Abb.29: Versuche zur Turbulenzenreduzierung mit Fischhautschleim [55]: links Versuchsaufbau
  a)   Farbwasser in klares Wasser, Injektion laut Versuchsaufbau (Bild links)
  b)   Farbwasser mit 20 ppm Fischschleim in klares Wasser mit 20 ppm Fischschleim
  c)   Wie b, aber Schleim 5 sec. mit 18800 U/min gerührt (Küchenmixer)
© I.Rechenberg, Technische Universität Berlin

Im folgenden Unterkapitel werden die theoretischen Grundlagen zur Entstehung des Reibungswiderstandes erläutert. Dabei soll verdeutlicht werden, wie der Reibungswiderstand zustande kommt und welche Folgen der Bewuchs auf den Brennstoffbedarf haben kann.

Kapitel 3 THEORETISCHE GRUNDLAGEN zur LEISTUNG und WIDERSTAND
(Theoretical fundamentals of engine power and resistance)

3.3 Theoretische Grundlagen zur Entstehung des Reibungswiderstandes
(Theoretical fundamentals of development of frictional resistance)

Bewegt sich ein Schiff durch Wasser, so werden die Wassermoleküle nahe der Schiffsoberfläche mitgerissen und bewegen sich mit dem Schiff mit. Dies geschieht in der unmittelbaren Nähe der Außenhaut. Mit zunehmender Entfernung vom Schiff werden die Wasserteilchen langsamer. Die schnelleren Teilchen kollidieren mit den langsameren; es werden Kräfte generiert. Da das Schiff in seiner Fortbewegung permanent eine Wasserschicht, die sog. Grenzschicht (*boundary layer*) mitschleppt, müssen die durch die Fahrt induzierten „Kollisionskräfte" vom Schiff überwunden werden. Die Summe dieser Kräfte ist proportional zum Reibungswiderstand. Die Grenzschicht kann laminar oder turbulent sein, wobei eine turbulente Strömung mehr Widerstand erzeugt. Mit der durch Prandtl[24] eingeführten Grenzschichttheorie, die als Grundlage der modernen Strömungsmechanik gilt, kann dieses Phänomen leicht verständlich gemacht werden.

3.3.1 Grundlagen der Grenzschichttheorie
(Basics of the boundary-layer theory)

Reibungswiderstand ist die Komponente des Widerstandes, die durch die Tangentialspannungen auf der benetzten Schiffsoberfläche erzeugt wird. Die Größe der Spannungen ist von der Viskosität[25] des Fluids abhängig.
Betrachtet man zwei sehr lange, in einem Abstand h, parallel zueinander liegende Platten, von denen eine mit konstanter Geschwindigkeit V bewegt wird, bilden sich Tangential- und Schubspannungen. Diese bewirken, daß das umströmende Fluid an der Körperwand haftet, andererseits wirken die Tangentialkräfte der Reibungskraft entgegen.

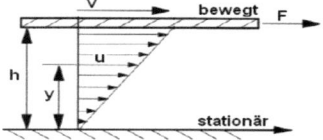

mit:
V - Geschwindigkeit der bewegten Platte
h - Abstand zwischen den Platten
u - Geschwindigkeit (einer Schicht)
y - Abstand (zu einer Schicht)

Abb.30: Strömung zwischen zwei Platten

Geschwindigkeit U einer Schicht mit Abstand y von der stationären Platte ist gegeben durch:

$$U = \frac{y}{h} \cdot V \qquad (4.9)$$

Um die Geschwindigkeit der bewegten Platte beizubehalten, muß eine Kraft F angreifen. Es wurde experimentell gezeigt, daß die Kraft F proportional zur Fläche S und der Geschwindigkeit V und reziprok proportional zum Abstand h zwischen den Platten ist [57]. Dies kann dargestellt werden mit:

$$F = \mu \cdot \frac{S \cdot V}{h} \qquad (4.10)$$

---

[24] Prandtl, Ludwig (1875-1953): deutscher Physiker, gilt als der Begründer der modernen Strömungslehre und leistete bedeutende Arbeiten auf dem Gebiet der Aero- und Hydrodynamik (u.a.: Grenzschichttheorie (1904), turbulente Strömungen (1910), Tragflügeltheorie (1919))
[25] Viskosität ist Eigenschaft von fluiden Medien (Flüssigkeiten, Gase) dem Fließen entgegenzuwirken, wenn eine Kraft auf sie ausgeübt wird. Hochviskose Flüssigkeiten widerstehen dem Fließen, Medien mit geringer Viskosität fließen etwas. Das Ausmaß der Viskosität wird dadurch bestimmt, wie stark eine in Bewegung befindliche Schicht – beispielsweise einer Flüssigkeit – benachbarte Schichten der Flüssigkeit mit sich zieht. In einem idealen Fluid, wie in der Potentialtheorie (z.B. *CFD*-Rechnungen) angenommen wird, ist die Eigenschaft dem Fließen entgegenzuwirken Null; somit entstehen keine Tangentialdrücke; die Reibung ist Null. (Anm.: ideale Fluida existieren nicht)

Kapitel 3   THEORETISCHE GRUNDLAGEN zur LEISTUNG und WIDERSTAND
(Theoretical fundamentals of engine power and resistance)

wobei μ den Koeffizienten der dynamischen Zähigkeit/Viskosität darstellt. Die Kraft F entspricht dem Widerstand bei der Annahme, daß über die gesamte Masse des bewegten Wassers Tangentialspannungen (Scherkräfte) auftreten. Bezogen auf ein sehr kleines Element des Fluids kann die Gleichung (4.10) umgeschrieben werden zu:

$$\tau = \mu \cdot \frac{\partial U}{\partial y} \qquad (4.11)$$

wobei τ die Scherspannung und der Ausdruck $\delta U/\delta y$ die Veränderung der Geschwindigkeit (*velocity gradient*) als eine Funktion des Abstandes y von der stationären Platte darstellen. Die Haftbedingung gilt dort, wo die Tangentialgeschwindigkeit gleich Null ist, d.h. an der Wand. Die Viskosität eines Fluids ist stark temperaturabhängig. Sie verringert sich mit der bei steigender Temperatur abnehmenden Dichte der Flüssigkeit. Das Verhältnis der dynamischen Viskosität μ zur Dichte ρ wird kinematische Zähigkeit/Viskosität v genannt und kann ausgeschrieben werden (in [$m^2 \cdot s^{-1}$]) zu:

$$v = \frac{\mu}{\rho} \qquad (4.12)$$

3.3.2 Grenzschichtströmungen
(Flow in the boundary-layer)

Die Art der Grenzschichtströmung hängt von der Geschwindigkeit bzw. von der Reynoldszahl[26] R_n ab. Man unterscheidet in der Grenzschicht zwischen einer laminaren und einer turbulenten Strömung. Die häufigsten in der Natur vorkommenden Grenzschichtströmungen treten als turbulente Strömungen auf. Das Bestreben der Entwickler einer guten aerodynamischen Konstruktion ist es, eine Form zu erzeugen, die laminar umströmt wird bzw. wo wenige Turbulenzen und somit kein Austausch der Teilchen zwischen den Schichten erfolgt. Die Reynoldszahl ist definiert mit:

$$R_n = \frac{V \cdot L}{v} \qquad (4.13)$$

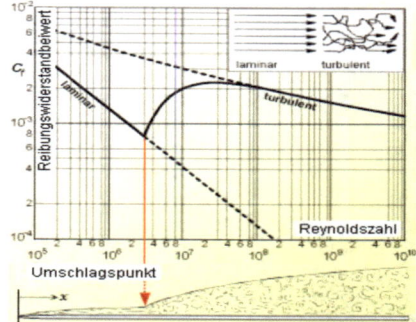

Abb.31: Reibungswiderstandsbeiwert als Funktion von Reynoldszahl bei laminarer und turbulenter Strömung [55]
© I.Rechenberg, Technische Universität Berlin
Abb.32: Schematische Darstellung der Stromlinien der beiden Strömungsarten (kleines Bild)

wobei L die Länge, V die Geschwindigkeit des Schiffes und v die kinematische Viskosität des umgebenden Fluids darstellt. Wird ein Körper umströmt, bildet sich zunächst eine laminare Grenzschicht aus. Dabei verläuft die Strömung in geordneten Schichten mit unterschiedlichen Geschwindigkeiten. Ein Teilchenaustausch zwischen den Schichten findet nicht statt. Bei einer kritischen Reynoldszahl schlägt die laminare Strömung in eine turbulente um. Es kommt zu einem Austausch der Teilchen und zu „Kollisionen" untereinander. Die so generierten Kräfte müssen, als gesteigerter Reibungswiderstand, überwunden werden.

---

[26] weitere beeinflussende Faktoren sind die Form des umströmten Körpers, die Wassertiefe, und wenn der Körper in einem Kanal umströmt wird, dann deren Größe sowie die Seitenverhältnisse der Kanalabmessungen

Kapitel 3   THEORETISCHE GRUNDLAGEN zur LEISTUNG und WIDERSTAND
(Theoretical fundamentals of engine power and resistance)

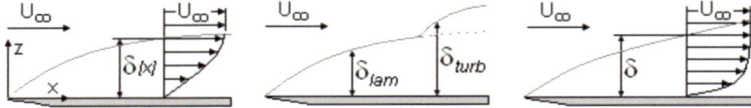

Abb.33 1) (Bild links): laminare Strömung über einer ebenen Platte [74]
Abb.33 2) (Bild mittig): laminar-turbulenter Übergang über einer ebenen Platte [74]
Abb.33 3) (Bild rechts): turbulente Strömung in der Grenzschicht über einer ebenen Platte [74]

Die Grenzschichtdicke δ wird definiert als der Abstand von der Wand bis zur Stelle an der die Strömungsgeschwindigkeit den Wert 0.99 U_∞ erreicht. Für eine flache Platte mit dem Abstand x vom Plattenanfang, wo die Strömung die Platte erstmals berührt, ist die Grenzschichtdicke δ nach Schlichting [74] definiert als:

$$\delta(x) = 0.37x \cdot \left(\frac{U_\infty \cdot x}{v}\right)^{-0.2} = 0.37x \cdot Rn_x^{-0.2} \quad (Abb.33) \qquad (4.14)$$

Bei R_{n_krit} (kritische Reynoldszahl) findet ein laminar-turbulenter Übergang statt, bei Geschwindigkeit bzw. Lauflängen die Werte über R_{n_krit} liefern, wird die Grenzschicht vollständig turbulent. Es gilt als nachgewiesen, daß nach dem Wechsel von laminaren in turbulente Strömung die Grenzschichtdicke und der Reibungswiderstand zunehmen. Bei turbulenten Strömungen bewegen sich die Teilchen nicht in geordneten Schichten, sondern es kommt zu einer Durchmischung (Schwankungsbewegungen) der Schichten mit einem Energie- und Impulsaustausch. Sie sind stets instationär, dreidimensional und rotationsbehaftet. In unmittelbarer Nähe der Wand kommen die Schwankungsbewegungen zum Stillstand. Diese wandnahe Schicht wird viskose oder laminare Unterschicht genannt (*Abb.*46). Die Geschwindigkeitsgradienten an der Wand sind bei einer turbulenten Strömung größer als bei einer laminaren. Dadurch sind die Schubspannungen an der Wand höher, was die Verschiebung der Ablösung der Grenzschicht nach hinten bewirkt. Dieser Effekt wird Nachstrom[27] (*frictional wake*) genannt. Der Nachstrom fällt demnach bei turbulenten Strömungen geringer aus. In Fällen wo ein geordneter Nachstrom von Vorteil ist, werden Turbulenzerzeuger eingebaut, um die Ablösung (*separation*) zu verzögern. Weniger Nachstrom bedeutet weniger Nachstromwiderstand, allerdings werden dadurch Widerstandsverluste in der turbulenten Grenzschicht stärker [57]. In *Abb.*34 ist der Effekt der Separation bei laminarer und turbulenter Umströmung eines Zylinders graphisch dargestellt. Allgemein ausgedrückt nehmen die Turbulenzen in der Grenzschicht mit der steigenden Oberflächenrauhigkeit zu.

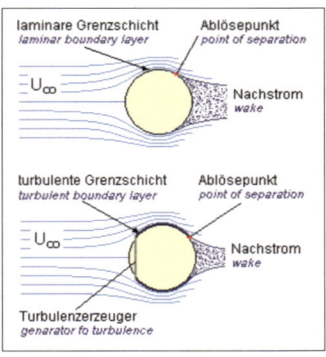

Abb.34: Parallelströmung um einen Zylinder

---

[27] Der Nachstrom (*wake*) bei einem Schiff ist der Unterschied zwischen der Geschwindigkeit des Schiffes und der Geschwindigkeit des Wassers, das zum Propeller (hinter dem Schiff) strömt.

Kapitel 3   THEORETISCHE GRUNDLAGEN zur LEISTUNG und WIDERSTAND
(Theoretical fundamentals of engine power and resistance)

3.3.3 Bestimmung des Rauhigkeitszusatzwiderstandes
(Determination of the additional frictional resistance)

Klassische Voraussagen zur Widerstandserhöhung durch die Rauhigkeit der Oberflächen stammen von Lackenby [75] und Rinvoll [76], nach denen bei einer Rauhigkeitszunahme von $10\mu m$, gegenüber dem neu gebauten Schiff, mit 1% Mehrleistung gerechnet werden muß. Rinvoll gibt eine Obergrenze von $230\mu m$ an, ab der sich der Leistungsmehrbedarf auf 0,5% pro $10\mu m$ Rauhigkeitszunahme verringert wenn das Schiff bei konstanter Geschwindigkeit gefahren werden soll.

3.3.3.1 *Rauhigkeitszusatzwiderstand nach 15th ITTC[28] 1978*
(Additional frictional resistance from 15th ITTC 1978)

Die von *ITTC* vorgeschlagene Formel zur Abschätzung des Rauhigkeitszusatzwiderstandes [70] basiert auf der Formfaktormethode mit dem Faktor k[29], der dem Reibungswiderstand zusätzlich angehängt wird. Demnach setzt sich der Gesamtwiderstand R_T aus dem Restwiderstand R_R und dem Reibungswiderstand R_F (mit dem Formfaktor k) zusammen. In der dimensionslosen Beiwertschreibweise kann dieser Zusammenhang ausgedrückt werden mit:

$$C_T = C_R + (1+k)\cdot C_F + \Delta C_F \qquad (4.15)$$

wobei C_T den Gesamtwiderstandsbeiwert, C_R den Restwiderstandsbeiwert, C_F den Reibungswiderstandsbeiwert nach *ITTC*, k den Formfaktor und ΔC_F den Rauhigkeitszuschlag des Reibungswiderstandes darstellt mit:

$$\Delta C_F = \frac{\Delta R_F}{0.5\cdot \rho \cdot S \cdot V^2} \qquad (4.16)$$

wobei ΔR_F den Reibungszusatzwiderstand, ρ die Dichte des Fluids, S die benetzte Oberfläche der Außenhaut, und V die Geschwindigkeit darstellt.

Der Formfaktor k berücksichtigt die dreidimensionalen Effekte der Umströmung des Schiffes bei der Anwendung des Plattenreibungsbeiwertes C_F der *ITTC'57*-Linie[30]:

$$C_{F..ITTC^{78}} = \frac{0.075}{(\log(R_n)-2)^2} \qquad (4.17)$$

Ausgedrückt als Beiwert ΔC_F für den Rauhigkeitszuschlag des Reibungswiderstandes ergibt sich:

$$\Delta C_{F..ITTC^{78}} = \left[105\cdot (k_s/L_{WL})^{\frac{1}{3}} - 0.64\right]\cdot 10^{-3} \qquad (4.18)$$

---

[28] *ITTC- (International Towing Tank Conference)* – ITTC ist eine internationale Konferenz für Versuchswesen im Schiffbau. Die Schwerpunkte der Zuständigkeit der Organisation liegen in der Standarisierung der Methodik der Versuchsanstalten im Hinblick auf Voraussagen der Performance für hydrodynamische Konstruktionen auf Basis der physischen und numerischen Modellierungsmethoden.
[29] mit Faktor k werden formbedingte 3D-Effekte berücksichtigt
[30] Schneekluth [77] nennt noch weitere Formeln für den Reibungswiderstand (von Schoenherr, Schlichting, Hughes und andere). In den weiteren Betrachtungen wird der Bezug auf die *ITTC*-Definition genommen.

wobei k_s die Rauhigkeit-*AHR* der Außenhaut und L_{WL} die Wasserlinienlänge darstellt (k_s und L_{WL} sind in gleichen Längeneinheiten zu setzen).
Setzt man: $\Delta C_{F\_ITTC} = 0$ ergibt sich:

$$0 = 105 \cdot \left(\frac{k_s}{L_{WL}}\right)^{\frac{1}{3}} - 0.64 \qquad (4.19)$$

und damit für k_s:

$$k_s = AHR = 0.226 \cdot 10^{-6} \cdot L \qquad (4.20)$$

als Grenzwert der Rauhigkeit-*AHR*, mit dem die hydrodynamisch glatte Oberfläche[31] definiert wird, bei dessen Überschreitung nach *ITTC* rauhigkeitsbedingter Reibungszusatzwiderstand zu erwarten ist [78]. In *Abb.*36 ist diese Annahme graphisch dargestellt.
Die *ITTC*-Formel wurde für die Umrechnung der Modellversuchsergebnisse auf die Großausführung ermittelt und enthält noch weitere Einflüsse außer der Rauhigkeitszunahme. Diese Formel berücksichtigt allerdings nicht die Reynoldszahl, und ist somit mit weiteren Ungenauigkeiten behaftet. In folgenden Berechnungen wird diese Methode nicht weiterverwendet.

3.3.3.2 Rauhigkeitszusatzwiderstand nach 17th ITTC 1984
(Additional frictional resistance from 17th ITTC 1984)

Im Bericht des Forschungszentrums des Deutschen Schiffbaus (*FDS*) versuchte Stinzing [79], eine Korrelation zwischen den Rauhigkeitsspektren und den durch sie bedingten Widerstandserhöhungen herzustellen. Dabei wurde die neue *ITTC*-Formel von 1984 zur Bestimmung des Rauhigkeitszuschlags benutzt, die von der Wasserlinienlänge L_{WL}, von der Reynoldszahl R_n und von der Rauhigkeitshöhe h_r abhängt [79]:

$$\Delta C_{F\_ITTC^{84}} = \left[\left(44 \cdot \left(\frac{L_{WL}}{h_r}\right)^{-\frac{1}{3}} - 10 \cdot R_n^{-\frac{1}{3}}\right) + 0.115\right] \cdot 10^{-3} \qquad (4.21)$$

In dieser Formel werden die gemessene mittlere Rauhigkeitshöhe h_r und die Reynoldszahl berücksichtigt. Oberflächen mit gleichen Rauhigkeitshöhen können sich jedoch in Widerstandsbeiwerten unterscheiden, da die andersartigen hydrodynamischen Auswirkungen von unterschiedlicher Form, Dichte und Anordnung der Rauhigkeit nicht berücksichtigt werden (*Abb.*35). Nach Grigson [78] können dabei Fehler bis zu 10% entstehen. Die Ermittlung der Amplitude und der Form der Rauhigkeitserhebungen ist nach dem heutigen Stand der Technik im praktischen Bord- und Werftbetrieb nicht möglich. Es existiert keine systematische Untersuchung und Dokumentation zu eventuellen Auswirkungen solcher Variablen. Candries [87] weist auf reibungsminimierende Effekte bei Erhebungen mit langen Wellenlängen (*Abb.*48) hin, wie dies bei Silikonbeschichtungen der Fall ist.

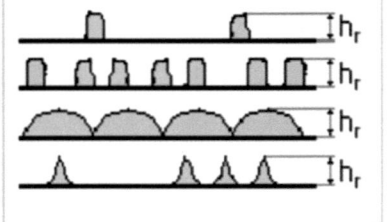

Abb.35: Rauhigkeiten mit gleicher Höhe

---
[31] Oberfläche über die sich eine dünne, stabile, laminare Strömungsschicht (nah an der Wand unterhalb der turbulenten Grenzschicht) ausbilden kann, die genauso groß ist wie bei einer technisch glatten Oberfläche

Kapitel 3   THEORETISCHE GRUNDLAGEN zur LEISTUNG und WIDERSTAND
(Theoretical fundamentals of engine power and resistance)

3.3.3.3   Rauhigkeitszusatzwiderstand nach Townsin
(Additional frictional resistance from Townsin)

Eine einfache, von Townsin et al. [71] formulierte und von *ITTC* (19th *Conference*) akzeptierte Formel zur Bestimmung des zusätzlichen Reibungswiderstandsbeiwerts berücksichtigt die Reynoldszahl und ist ähnlich Formel aus der Gleichung (4.21). Die Methode von Townsin berücksichtigt ebenfalls nicht die Form, die Dichte und die Anordnung der Rauhigkeit; sie basiert aber auf Informationen der *DATAPLAN*-Datenbank[32], einem Dokumentationssystem vom Zustand der Unterwasserhaut von ca. 70.000 Schiffen. Besonders in Bereichen über $250\mu m$ unterscheiden sich die Rauhigkeiten stärker voneinander, so daß ab dieser Rauhigkeitsgröße die Werte ungenauer werden.

Die Ausarbeitung von Townsin kann ausgedrückt werden mit:

$$\Delta C_{F..T} = \left[\left(44 \cdot \left(\frac{k_s}{L_{WL}} \right)^{\frac{1}{3}} - 10 \cdot (R_n)^{-\frac{1}{3}} \right) + 0.125 \right] \cdot 10^{-3} \qquad (4.22)$$

wobei k_s die Rauhigkeit-*AHR*, L_{WL} die *WL*-Länge und R_n die Reynoldszahl darstellt (k_s und L_{WL} sind in gleichen Längeneinheiten zu setzen).

Die Formel von Townsin ähnelt sehr der $ITTC^{84}$-Formel. Da die Untersuchungen von Townsin jedoch auf empirischen Erfahrungswerten basieren und von der *ITTC* anerkannt sind, wird für weitere Betrachtungen, wie Ermittlung des Leistungsmehrbedarfs oder der Geschwindigkeitsabnahme als Funktion der physikalischen Rauhigkeit diese Methode verwendet. In *Abb*.36 sind die drei Formeln für Werte im relevanten Bereich graphisch dargestellt.

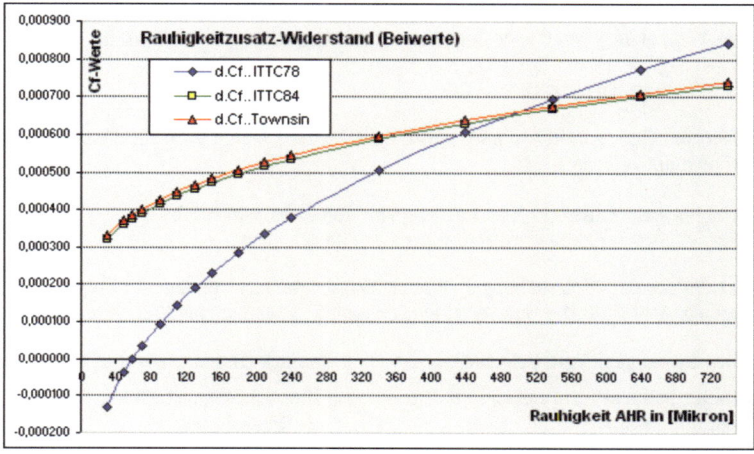

Abb.36: Rauhigkeitzusatzwiderstandsbeiwerte in Abhängigkeit von der durchschnittlichen Rauhigkeit (AHR)

Kapitel 3   THEORETISCHE GRUNDLAGEN zur LEISTUNG und WIDERSTAND
(Theoretical fundamentals of engine power and resistance)

3.4   Leistungsdiagnose in Abhängigkeit von physikalischer Rauhigkeit   *(Analysis of ship power against physical roughness)*

Basierend auf jahrzehntelangen Forschungen von Townsin et al. [71, 106] wurden brauchbare Kalkulationsverfahren zur Ermittlung von Leistungsbedarfssteigerung aufgrund der Zunahme von Rauhigkeit entwickelt. Diese Methoden werden im Folgenden vorgestellt.
Die Reibungswiderstandserhöhung aufgrund der Zunahme der durchschnittlichen Rauhigkeit von k_1 zu k_2 ($k_2 > k_1$), unter Beibehaltung der Betriebsgeschwindigkeit, wird nach Townsin [68, 80] mit Einbeziehung von Gleichung (4.22) definiert zu:

$$10^3 \cdot \Delta C_{F..T} = 44 \cdot \left[\left(\frac{k_2}{L_{WL}} \right)^{\frac{1}{3}} - \left(\frac{k_1}{L_{WL}} \right)^{\frac{1}{3}} \right] \quad (4.23)$$

wobei die k_1 (die Rauhigkeit-*AHR* vorher), k_2 (die Rauhigkeit-*AHR* nachher) und L_{WL} (Wasserlinienlänge) in gleichen Längeneinheiten eingegeben werden müssen.

Für den Gesamtwiderstandzuwachs gilt unter Verwendung von (4.8) und (4.23):

$$\frac{\Delta R}{R_T} = \frac{\Delta C_{F..T}}{C_T} = 0.044 \cdot \left[\left(\frac{k_2}{L_{WL}} \right)^{\frac{1}{3}} - \left(\frac{k_1}{L_{WL}} \right)^{\frac{1}{3}} \right] \cdot \frac{1}{C_T} \quad (4.24)$$

wobei $\Delta C_{F..T}$ die Reibungswiderstansdänderung infolge von Rauhigkeitserhöhung, C_T den Gesamtwiderstandsbeiwert, k_1 die Rauhigkeitshöhe der glatten (Anfangs-) Oberfläche in [μm], k_2 die Rauhigkeitshöhe der rauhen Oberfläche (nach einer bestimmten Zeit) in [μm] und L_{WL} die Länge der Wasserlinie in [μm] darstellt.
Ist der Gesamtwiderstandbeiwert C_T nicht genauer bekannt, kann nach Townsin [68] eine ungefähre Abschätzung von C_T für Containerschiffe vorgenommen werden mit:

$$C_T = 0.018 \cdot L^{-\frac{1}{3}}. \quad (4.25)$$

Dieser Wert mit einer Abweichung im einstelligen Prozentbereich wäre für die vorliegenden Kalkulationen hinreichend genau.

3.4.1   Folgen der Rauhigkeitserhöhung für den Schiffsbetrieb
(Consequences of the increase of roughness for the ship operation)

Aufgrund der Rauhigkeitserhöhung (~Widerstandssteigerung) können die Folgen für den Schiffsbetrieb in zwei für den Schiffsbetrieb relevanten Szenarien unterteilt werden:

1. Geschwindigkeit wird beibehalten → Leistungs-/Brennstoffbedarf steigt

    Dieser Fall tritt insbesondere bei Containerschiffen und Fährschiffen in Liniendiensten, und insbesondere Fregatten (vorgeschriebene Marschgeschwindigkeit) auf; folglich bei Schiffen die einen Fahrplan einzuhalten haben und die Geschwindigkeit nicht reduziert werden darf.

---

[32] *DATAPLAN* ist eine Datenbank über den Zustand der Außenhülle von ca. 70.000 Schiffen seit 1970. Die Informationen über Art, Ausmaß und Schwere des Bewuchses wurden dabei nicht nur dokumentiert, sondern auch systematisch qualitativ bewertet.

Kapitel 3 THEORETISCHE GRUNDLAGEN zur LEISTUNG und WIDERSTAND
(Theoretical fundamentals of engine power and resistance)

2. Leistung bleibt konstant → Geschwindigkeit fällt

Die Leistung und der Brennstoffverbrauch[33] bleibt konstant mit der Folge, daß die Drehzahl (*RPM*) abnimmt und somit auch die Geschwindigkeit reduziert wird. Dies tritt überwiegend in der meist weniger streng termingebundener Tanker- und Massengutschiffahrt auf.

3.4.2 Fall 1: Leistungsbedarfsteigerung bei konstanter Geschwindigkeit
(Case 1: Increased demand of power by continous speed)

mit $\eta \rightarrow \eta_O$ = Propellerfreiheitswirkungsgrad (*open water propeller efficiency*)
T = Schub (*propeller thrust*)
$P \rightarrow P_S$ = Wellenleistung (*shaft power*)
V = Geschwindigkeit (*speed*)

gilt für glatte Hülle:
$$P = \frac{T \cdot V}{\eta} \quad (4.26)$$

mit Reibungszusatzwiderstand aufgrund der Rauhigkeit gilt:

$$P + \Delta P = \frac{(T + \Delta T) \cdot V}{(\eta + \Delta \eta)} = \left(\frac{T \cdot V}{\eta}\right) \cdot \left(1 + \frac{\Delta T}{T}\right) \cdot \left(1 + \frac{\Delta \eta}{\eta}\right)^{-1} \quad (4.27)$$

$$\rightarrow \quad \left(1 + \frac{\Delta P}{P}\right) = \left(1 + \frac{\Delta R}{R}\right) \cdot \left(1 + \frac{\Delta \eta}{\eta}\right)^{-1} \quad (4.28)$$

Betrachtet man den Zusatzwiderstand bei konstanter Geschwindigkeit, kann wie bei der Gleichung (4.28) kalkuliert werden, wobei es gilt eine Beziehung zwischen $(1+\Delta R/R)$ und $(1+\Delta \eta/\eta)^{-1}$ herzustellen. Es kann nicht gesagt werden, daß $\Delta R/R$ gleich $\Delta T/T$ ist; die Beziehung kann jedoch aus den Propellerentwurfsdaten abgeleitet werden. Für die meisten Propeller ist die Relation im relevanten Bereich nahezu linear, die Kurven schneiden sich in (1.0/1.0). Als eine Überschlagsformel gibt Townsin eine approximierte Beziehung, die nach zwei Schiffstypen zu unterscheiden ist:

- *roro*: als Referenz für schlanke, schnelle Schiffe (Ro-Ro-, Containerschiffe)
- *tanker*: als Referenz für langsame und völlige Schiffe (Tankschiffe, Bulker)

Die Beziehungen lauten:

roro:
$$\left(1 + \frac{\Delta \eta}{\eta}\right)^{-1} = 0.17 \cdot \left(1 + \frac{\Delta R}{R}\right) + 0.83 \quad (4.29)$$

tanker:
$$\left(1 + \frac{\Delta \eta}{\eta}\right)^{-1} = 0.30 \cdot \left(1 + \frac{\Delta R}{R}\right) + 0.70 \quad (4.30)$$

---

[33] Der spezifische Brennstoffbedarf (*SFOC-specific fuel oil consumption*) variiert leicht in Abhängigkeit von Leistung und Drehzahl. Die Differenzen können bis zu 1-2% betragen, wobei auch eine Abnahme von *SFOC* eintreten kann (siehe Herstellerkataloge MAN B&W, WÄRTSILÄ). Die Herstellerangaben variieren um einen *SFOC* von ca. 171g/kWh bei optimalen Bedingungen, bei realen Bedingungen steigt der *SFOC* auf im Schnitt ca. 185 g/kWh (Auswertung von 18 Containerschiffen unterschiedlicher Größe).

Kapitel 3   THEORETISCHE GRUNDLAGEN zur LEISTUNG und WIDERSTAND
(Theoretical fundamentals of engine power and resistance)

3.4.3 Fall 2: Geschwindigkeitsverlust beim konstanten Leistungsbedarf
(Case 2: Lose of speed by constant supply of power)

Townsin leitet einfache Zusammenhänge für Geschwindigkeitsverluste bei konstanter Leistung ab. In weiteren Untersuchungen wird diese Betrachtungsweise nicht weiter verfolgt, da die Philosophie der Schiffbetriebspraxis der Containerlinienschiffahrt[34] grundlegend die Einhaltung des Fahrplans und somit die Beibehaltung einer vorgegebenen Geschwindigkeit ist. Townsin [68] gibt an:

Wenn gilt:

$$R \sim V^n \quad (4.31)$$

R = Widerstand
V = Geschwindigkeit

dann gilt für die Antriebsleistung:

$$P = k \cdot V^{n+1} \quad (4.32)$$

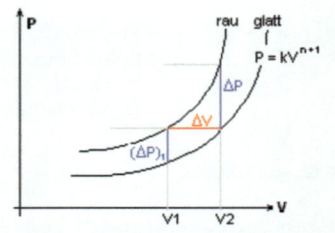

Abb.37: Schematische Darstellung der Leistungs-Geschwindigkeitskurven nach Townsin [68]

Mit der Annahme der Widerstandssteigerung aufgrund von äußeren Einflüssen (z.B. Zunahme der Rauhigkeit) und mit der Annahme, daß Leistungssteigerung $\Delta P/P$ über kleine Geschwindigkeitsbereiche konstant ist, ergibt sich eine Gleichung für die rauhe Leistungskurve (siehe Leistungskurven in *Abb.*37 [68]) zu:

$$P = k \cdot V^{n+1} + \Delta P \quad (4.33)$$

mit Leistung bei V_2 für ein glattes Schiff:

$$P_{V_2} = k \cdot V_2^{n+1} \quad (4.34)$$

mit Leistung bei V_1 für ein rauhes Schiff:

$$P_{V_1} = k \cdot V_1^{n+1} + (\Delta P)_1 \quad (4.35)$$

aus Gleichung (4.34) und Gleichung (4.35) kann abgeleitet werden:

$$k \cdot V_2^{n+1} = k \cdot V_1^{n+1} + (\Delta P)_1 \quad (4.36)$$

$\rightarrow \quad k \cdot (V_1 + \Delta V)^{n+1} = k \cdot V_1^{n+1} + (\Delta P)_1 \quad (4.37)$

$\rightarrow \quad [(V_1 + \Delta V)/V_1]^{n+1} = 1 + ((\Delta P)_1 / P_1) \quad (4.38)$

$\rightarrow \quad (1 + (\Delta V/V_1))^{n+1} = ((\Delta P)_1 / P_1) + 1 \quad (4.39)$

---

[34] In der Linienschiffahrt wird der Einhaltung des Fahrplans oberste Priorität beigemessen. Beispielsweise wird dem Betrieb in „günstigen" Froudezahlen, und somit dem Sparen von Brennstoffkosten durch relative Widerstandreduzierung, keine Beachtung geschenkt, sobald dadurch der Linienfahrplan nicht genau beibehalten werden kann.

Kapitel 3   THEORETISCHE GRUNDLAGEN *zur* LEISTUNG *und* WIDERSTAND
(Theoretical fundamentals of engine power and resistance)

unter der Annahme, daß $\Delta V/V$ klein ist, und mit Anwendung der binomischen Regel folgt:

$$1 + (n+1) \cdot (\Delta V/V_1) \cong (\Delta P_1)/P_1 + 1 \qquad (4.40)$$

$$\rightarrow \qquad \frac{\Delta V}{V} \cong \frac{\Delta P}{P} \cdot (n+1)^{-1} \qquad (4.41)$$

wobei mit n ein Geschwindigkeitskoeffizient (*speed index*) gemeint ist der aus:

$$\frac{P_2}{P_1} = \left(\frac{V_2}{V_1}\right)^{n+1} \qquad (4.42)$$

abgeleitet werden kann zu:

$$n + 1 = \log\frac{P_2}{P_1} \cdot \left(\log\frac{V_2}{V_1}\right)^{-1} \qquad (4.43)$$

Für n bei Containerschiffen gibt Townsin [68] $n = 2.1$ an. Eine Auflistung für den Geschwindigkeitskoeffizienten n findet man erstmals bei Lackenby [112], genauere Angaben aus langjährigen empirischen Untersuchungen sind bei Townsin und Svensen [113] nachzusehen.
Mit diesen einfachen Beziehungen können die Leistungs- und Geschwindigkeitsverluste schnell ermittelt werden. Momentan gibt es keine verläßlicheren Methoden zu Abschätzung des Einflusses der physikalischen Rauhigkeit auf den Widerstand des Schiffes und damit auf seine Betriebskosten. Die Ergebnisse und Methoden der inzwischen über 30-jährigen Forschungen von Townsin wurden mit der *DATAPLAN*-Datenbank permanent erweitert und korrigiert und sind sowohl von der *ITTC* als auch in den Fachkreisen weitgehend anerkannt worden. In *Abb.*38 ist der Leistungs- bzw. Brennstoffmehrbedarf und in *Abb.*39 der Geschwindigkeitsverlust als Funktionen der Rauhigkeitzunahme nach den Berechnungen nach Townsin dargestellt. Dabei weisen Townsin et al. [106] darauf hin, daß die errechneten Werte für kleinere bis mittlere Rauhigkeiten bis $225\mu m$ eine gute Übereinstimmung mit den Meßergebnissen liefern. Für höhere Unebenheiten streuen die Meßwerte stärker, so daß mit den Rechenverfahren lediglich eine ungefähre Abschätzung erreicht werden kann. In den über 20 Jahre bei *CDP* und über 10 Jahren bei *Hybrid*, *SPC* und *FRC* dauernden Untersuchungen stellte Townsin mittlere jährliche Rauhigkeitszunahmen für die jeweilige Antifoulingsysteme fest. Die jährlichen Rauhigkeitzunahmen sind bei *CDP*: $40\mu m$, bei *Hybrid*: $30\mu m$, bei *SPC*: $20\mu m$ und bei *FRC*: $5\mu m$ [106]. Diese Werte werden bei weiteren Betrachtungen in dieser Ausarbeitung übernommen.

Kapitel 3   THEORETISCHE GRUNDLAGEN zur LEISTUNG und WIDERSTAND
(Theoretical fundamentals of engine power and resistance)

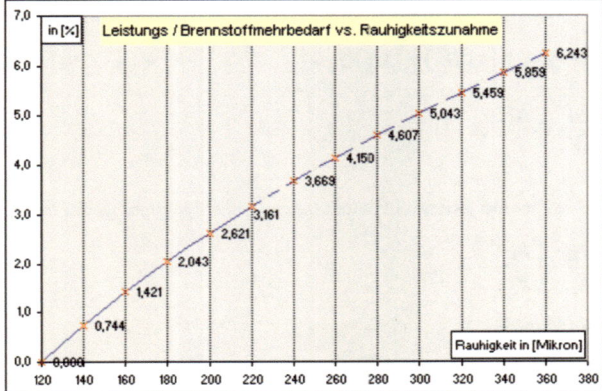

Abb.38: Leistungs- /Brennstoffbedarfsteigerung bei Beibehaltung der Betriebsgeschwindigkeit als Funktion der Rauhigkeitszunahme; (Fall 1) nach Townsin   © Afeltowicz

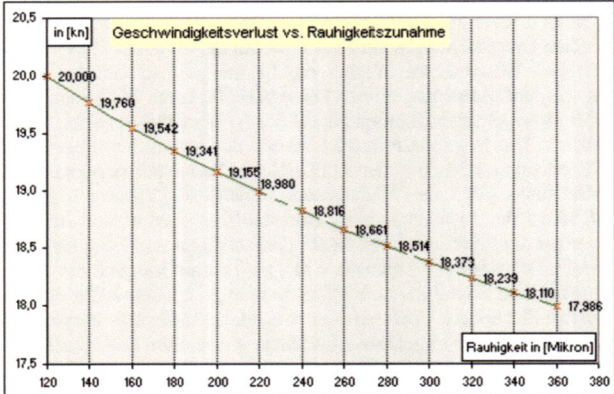

Abb.39: Geschwindigkeitsverlust bei Beibehaltung der Leistung als Funktion der Rauhigkeitszunahme (Anfangsgeschwindigkeit: 20kn); (Fall 2) nach Townsin   © Afeltowicz

Kapitel 4   *EIGENSCHAFTEN und WIRKUNGSWEISE von SILIKONFARBEN*
(Properties and mode of action of silicone-based coatings)

4. Silikonbasierte Antifoulings (FRC)
(Silicone-based antifoulings, Foul Release Coatings -FRC)

Aus ökologischer Sicht ist ein Unterwasseranstrich ohne toxische Substanzen erstrebenswert. Einige der immer noch tolerierten Biozide in ablativen oder selbstpolierenden Farben sind bezüglich ihrer Umweltverträglichkeit äußerst bedenklich. Mit dem Tributylzinn-Verbot der *IMO* und der *EU* von 2001 ist nicht nur ein bedeutender Schritt getan, schädliche Stoffe von der empfindlichen aquatischen Umwelt fernzuhalten, sondern gleichzeitig ist ein Aufruf an die Industrie ergangen alternative, umweltfreundliche Technologien zu entwickeln. Eine solche neue Alternative kam mit den biozidfreien Silikonanstrichen, sog. *Foul-Release-Coatings*, in den letzten Jahren verstärkt auf den Markt.

4.1 Silikontechnologie als ökologische und ökonomische Alternative
(Silicone-technology as a ecological and economical alternative)

Silikonbeschichtungen für Unterwasserschiff sind keine neue Entdeckung. Bereits Anfang der 70er Jahre wurde diese Technologie entwickelt und patentiert, doch deren kommerzielle Nutzung ließ aufgrund der hohen Material- und Herstellungskosten noch mehrere Jahre auf sich warten. Erst als mit der Entwicklung von schnellen Passagierschiffen in den 80er Jahren nach sehr glatten und leistungsfähigen Beschichtungen gesucht wurde, erlebte die *FRC*-Technologie ihre wahre Geburt. Mit der Kombination einiger Eigenschaften wie sehr niedrige Oberflächenenergie und eine extrem glatte Oberfläche erschweren Silikonbeschichtungen den Bewuchsorganismen naturbedingt die Haftung. Mit ihrer Effektivität Bewuchs zu vermeiden, ihrer Umweltverträglichkeit und ihrem glättefördernden Charakter besitzen Silikonfarben gute Voraussetzungen, um in der kommerziellen Schiffahrt die Nachfolge von *TBT*-Antifoulings anzutreten. Die Rauhigkeit der Oberfläche bei Silikonbeschichtungen ist sehr niedrig, was zur Folge hat, daß gegenüber konventionellen Antifoulings deutlich weniger Reibungswiderstand erzeugt wird. Diese Glätte bleibt während des Betriebsintervalls von 5 Jahren[35] weitgehend erhalten, da der Makrobewuchs (Algen, Seepocken, Muscheln) nicht dauerhaft anhaften kann. Bei Fahrt durch das Wasser werden die Organismen ab einer bestimmten Geschwindigkeit, aufgrund der niedrigen Adhäsionskräfte[36], vom umströmenden Wasser ausgewaschen. Diese Eigenschaften sind unter anderem durch die charakteristisch extrem niedrige Glastemperatur der Silikone gewährleistet, die es ermöglicht, daß die molekulare Mobilität/Flexibilität im hohen Maße gegeben ist [81]. Silikonbeschichtungen sind nicht erodierend und kommen gänzlich ohne Biozide aus, was umwelttechnisch betrachtet ein sehr wichtiger Aspekt ist. Ein weiterer Vorteil ist, daß die allgemeine Lebensdauer sehr lang ist und damit nicht nur Dockungsintervalle von 60 Monaten problemlos erreicht werden können. Die Lebensdauerangaben von Silikonbeschichtungen liegen, je nach Hersteller, bei 10 bis 25 Jahren, allerdings konnten diese Angaben in der Praxis noch nicht vollständig getestet werden. Die nach 5 Jahren für einen Silikonunterwasseranstrich angefallenen Reinigungs-, Reparatur und Materialkosten bleiben teilweise unter denen von konventionell erodierenden Beschichtungen. Das Reinigen der Außenhaut ist mit einfachen Mitteln zu bewältigen (Waschen mit Niedrigdruck), und es ist beim Erneuern nur eine einzige neue Farb-

---

[35] 60 Monate sind bei Handelsschiffen die Höchstbetriebszeiten ohne Dockung. Nach je 5 Jahren im Betrieb erfolgt eine neue Klassifizierung (mit Dockung) eines Schiffes, die meist mit Reparatur- und Erneuerungsarbeiten verbunden ist. In der Praxis werden die Schiffbetriebsintervalle von 60 Monaten weitgehend ausgenutzt.

[36] Adhäsion ist im physikalischen Sinn die Haftwirkung zwischen den Oberflächen zweier verschiedener Körper. Adhäsion kommt durch molekulare Wechselwirkungen an den Kontaktflächen zustande.

Kapitel 4   EIGENSCHAFTEN und WIRKUNGSWEISE von SILIKONFARBEN
(Properties and mode of action of silicone-based coatings)

schicht notwendig, gegenüber 3-4 Applikationsstufen bei *CDP/SPC*-Erneuerungssystemen. Zudem liegt das Gewicht einer Silikonunterwasserbeschichtung, je nach Hersteller, bei ca. 50-70% des Gesamtgewichts eines erodierenden Anstriches. Nicht zuletzt ist der niedrige VOC^{37}-Gehalt (*volatile organic compounds*) ein weiterer Vorteil von Silikonfarben. Während die Silikontechnologie sich aus der Vielfalt der Antihaftbeschichtungen etabliert hat, muß ergänzt werden, daß neben den erwähnten positiven Aspekten auch einige entscheidende Nachteile der Grund sind, warum diese Technologie nur sehr langsam das Vertrauen der Reedereien und der Schiffseigner gewinnt. Der Effekt des Auswaschens vom angesiedelten Bewuchs kann erst ab einer Betriebsgeschwindigkeit von 15-17*kn* (je nach Hersteller) eintreten. Unter anderem wird auch eine hohe Aktivität des Schiffes vorausgesetzt. Die sehr hohen Materialkosten, ein hoher Material- und Personalaufwand bei der Applikation sowie ein relativ geringer Widerstand gegen mechanische Beschädigungen sind weitere Gründe, warum die potentiellen Benutzer der Silikonsysteme eine vorerst abwartende Haltung annehmen. Nicht zuletzt kritisieren auch einige Umweltaktivisten die ökologische Verträglichkeit der schwer abbaubaren Silikonrückständen (Silikonöle). In folgenden Unterkapiteln werden die einzelnen Eigenschaften von Silikonanstrichen näher erläutert. Ein Versuch die Silikonbeschichtungen wirtschaftlich zu beurteilen erfolgt in Kapitel 6.

<u>*Vorteile von Silikon-Antihaftbeschichtungen:*</u>
- Niedrige Oberflächenspannung → Effektiver Schutz gegen Bewuchs
- Glatte Oberfläche → weniger Reibungswiderstand → Brennstoffersparnis
- Biozidfrei, niedriger VOC → Umweltfreundlich im Betrieb und bei der Applikation
- Lange Lebensdauer → Dockungs- und Materialkostenersparnis
- Geringes Gewicht, niedriger Farbmaterialbedarf → Gewichts- und Kostenersparnis
- Niedriger Reparatur- und Wartungsaufwand

<u>*Nachteile von Silikon-Antihaftbeschichtungen:*</u>
- Hohe Materialkosten
- Hoher Applikationsaufwand
- Geringer Widerstand gegen mechanische Beschädigungen
- Mindestgeschwindigkeiten und Mindestaktivität notwendig
- Hohe Umweltbelastung bei Herstellung und Entsorgung? Negative Ökobilanz?

4.2   Eigenschaften von Silikonbeschichtungen
(Properties of silicone-based coatings)

4.2.1   Niedrige Oberflächenspannung bzw. geringe freie Oberflächenenergie
(Low surface energy)

Die Eigenschaft der sehr geringen Oberflächenspannung^{38} (*low surface energy*) von Silikonfarben ist der Grund für die schwachen Adhäsionskräfte, die Bewuchsorganismen auf Silikonoberflächen aufbauen können. Die Charakteristik der Beschichtung ermöglicht ein hydrodynamisch bedingtes Selbstreinigen der Oberfläche, sobald eine bestimmte Umströmungsgeschwindigkeit erreicht wird. Ein Steigen der biologisch bedingten Rauhigkeit durch Bewuchs mit Makroorganismen wird weitgehend vermieden da diese rechzeitig ausgewaschen

---
^{37} Flüchtige organische Verbindungen (*volatile organic compounds,VOC*), ist die Sammelbezeichnung für organische Stoffe, die aufgrund ihres hohen Dampfdruckes bzw. niedrigen Siedepunktes schnell verdampfen.
^{38} Die Oberflächenspannung ist die überschüssige Energie der Oberflächenmoleküle gegenüber den thermodynamisch-homogen eingeschlossenen Molekülen im Inneren der Struktur.

Kapitel 4   EIGENSCHAFTEN und WIRKUNGSWEISE von SILIKONFARBEN
(Properties and mode of action of silicone-based coatings)

werden. Die Mindestgeschwindigkeiten und die maximal zulässige Liegezeiten bzw. eine Mindestaktivität sind Voraussetzungen für den Prozeß der Selbstreinigung und variieren je nach Hersteller. Forderungen von Mindestgeschwindigkeiten liegen zw. 15-17*kn*, die von den meisten Containerschiffen, Fähren, Kreuzfahrt- und RoRo-Schiffen problemlos erreicht werden können. Für schnellere Schiffe, die über 25*kn* fahren (Schnellfähren, Schnellboote der Küstenwache, Tragflächenboote, Fregatten), bieten die meisten Hersteller weiter entwickelte Silikonprodukte, die längere Liegezeiten (niedrigere Aktivität) erlauben. Diese Alternative ist insbesondere für schnelle Marineschiffe von Bedeutung, da diese öfters längere Einsatzwartezeiten absolvieren und anschließend, bei meist höheren Geschwindigkeiten, eingesetzt werden [30]. Die Mindestaktivität liegt bei den Varianten für langsamere Schiffe je nach Hersteller zw. 70-80%, bei den Farbvarianten für schnellere Schiffe kann diese bis auf 50% herabsinken. Diese Unterschiede sind eine Folge unterschiedlicher Zusammensetzung der für die niedrige Oberflächenspannung verantwortlichen Silikonöle. *Foul-Release*-Systeme sind Silikone, die auf Polydimethylsiloxanen (*PDMS*) basieren. *PDMS* sind heterogene Moleküle mit einem äußerst flexiblen Gitternetz, das es der Polymerketten erlaubt die

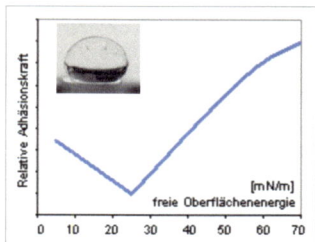

Abb.40: Verhältnis zwischen der Oberflächenenergie und der relativen Bio-Adhäsionskraft,
Abb.41: Wassertropfen auf einer Oberfläche mit geringer freien Oberflächenenergie [22]

Konfiguration mit der minimalen Oberflächenspannung anzunehmen. Die freie Oberflächenspannung von *PDMS* in der Luft beträgt 23*mN/m* und resultiert aus den schwachen intramolekularen Kräften zwischen den Methylteilchen [82]. In der Baier-Kurve (*Abb.*40) [22] ist das Verhältnis der freien Oberflächenenergie und den relativen Bio-Adhäsionskräften graphisch dargestellt. In den 70er Jahren sind Messungen der Adhäsionskräfte der Seepocke (*barnacle*) und anderer Bewuchsorganismen auf verschiedenen Oberflächen durchgeführt worden. Es wurde festgestellt, daß bei Materialien mit einer Oberflächenspannung von 23-25*mN/m* die niedrigsten Scherkräfte nötig waren, um die angesiedelten Organismen zu entfernen. Der Betrag der freien Oberflächenenergie der *PDMS*-Silkone liegt somit genau in dem Bereich in dem den Foulingorganismen der geringste Haftungsansatz geboten wird.
In *Abb.*43 [13] sind die schwachen Adhäsionskräfte einer sonst stark in den Untergrund einwachsenden Kruste der Seepocke auf einer Silikonbeschichtung demonstriert. Watermann [81] beobachtete bei länger dauernden Ansiedlungen von Seepocken fortgeschrittene Deformationen der Basisfläche am Silikonuntergrund. In *Abb.*42 sind die Adhäsionskräfte einiger Bewuchsorganismen auf einer Silikon-Antihaftbeschichtung mit Geschwindigkeiten bis zur Ablösung [84] graphisch dargestellt.

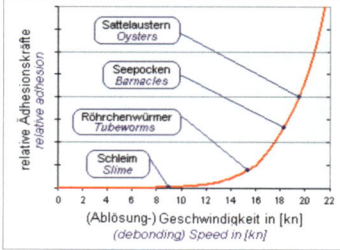  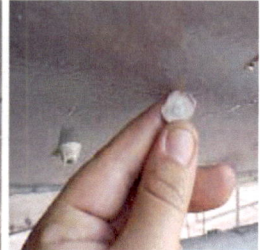

Abb.42 (Bild links): Adhäsionskräfte einiger Bewuchsorganismen auf einer Silikon-Antihaftbeschichtung [84]
Abb.43 (Bilder rechts): Seepocke auf einer Silikonbeschichtung einer Schnellfähre nach 24 Monaten im Einsatz [13]

Kapitel 4 EIGENSCHAFTEN und WIRKUNGSWEISE von SILIKONFARBEN
(Properties and mode of action of silicone-based coatings)

In *Abb.*44 [66] wird die Unfähigkeit von Makroorganismen offenbart sich dauerhaft an Silikonoberflächen anzusiedeln. Es ist deutlich zu erkennen, daß der Bewuchs von den unbeschichteten Stellen (Kanten, Befestigungsbolzen) ausgeht und die beschichtete Fläche, selbst nach 8 Jahren, weitgehend bewuchsfrei bleibt. Zu theoretischen Betrachtungen der Adhäsion an Silikonoberflächen wurden von Callow et. al [7], [97] Untersuchungen angestellt, um die notwendigen Lösekräfte in Abhängigkeit von der Farbanstrichdicke und von dem Elastizitätsmodul bei jungen und adulten Sporenorganismen der Grünalge *Enteromorpha linza* zu bestimmen. Es wurde herausgefunden, daß die Organismen an dünnen Silikonschichten stärker haften, als an dickeren und daß kleinere, ggf. nicht ausgewachsene Organismen, vermutlich aufgrund ihrer geringeren Angriffsfläche der an ihnen zerrenden Kräften besser standhalten können. Bei Beschichtungsstärken unter $100\mu m$ sind manche Bewuchsorganismen sogar in der Lage, die dünne Schicht durchzudringen und sich an darunter liegenden härteren Substraten dauerhaft anzuhaften. Die Auswirkungen und die Bedeutung des Elastizitätsmoduls bei Anhaftung von Bewuchs wurden von Callow[39] ebenfalls untersucht.

Abb.44: Silikonbeschichtete Testplatte nach 8 Jahren untergetaucht im Versuchsstand [66]

4.2.2 Geringe physikalische Rauhigkeit
(Low physical roughness)

Bei dem Bestreben den Leistungsbedarf zu verbessern und die Brennstoffkosten zu sparen, übernimmt der Rauhigkeitszustand des Unterwasserschiffes beim Minimieren des Gesamtwiderstandsanteils eine übergeordnet wichtige Rolle [Kap. 3.1]. Es gilt die physikalische Rauhigkeit niedrig zu halten und die biologische Rauhigkeit (Bewuchs) zu vermeiden.

Die durchschnittliche Rauhigkeit einer Silikonbeschichtung liegt im Bereich zw. 45-100μm, während für konventionelle Anstriche (*CDP*, *SPC*) nach Townsin [68] *AHR*-Werte unter 100μm als hochqualitativ gelten. Eine Rauhigkeit-*AHR* von 70μm bei konventionellen Farben stellt die technologisch mögliche unterste Grenze dar. Allerdings wird der Aufwand im Hinblick auf den Nutzen nicht gerechtfertigt. Bei Modellversuchen aktueller koreanischer Neubauten wird der von der *ITTC* empfohlene, für einen neuen Rumpf niedrigste anzunehmende *AHR*-Wert von 150μm angesetzt. Bei verbesserter Fertigung kann ein *AHR*-Wert von 120-125μm angenommen werden. Die freie Oberflächenenergie und die Fähigkeit der Bewuchsorganismen sich dauerhaft ansiedeln

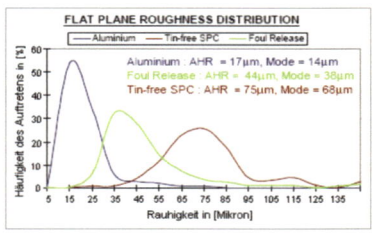

Abb.45: Rauhigkeitsverteilung einiger Oberflächen bei hochqualitativen Fertigungsverfahren [69]

zu können, steigt mit wachsender Oberflächenrauhigkeit [82]. Die Effektivität von Silikonbeschichtungen hängt von ihren beiden wichtigsten physikalischen Eigenschaften, der niedrigen Oberflächenspannung und von der extrem glatten Oberfläche, ab. Diese Eigenschaften werden im Englischen *non-stick* (nicht haftend) und *easy-release* (leicht lösend) genannt. In *Abb.*46 sind die Entstehungsprinzipien in der Grenzschicht in Abhängigkeit von der physikalischen Rauhigkeit graphisch dargestellt.

---
[39] zu weiteren interessanten Erkenntnissen von Callow bezüglich Adhäsion und deren Mechanismen, Funktionsweisen und Eigenschaften wird auf die zahlreichen und frei zugänglichen Publikationen der Universität von Birmingham

Kapitel 4   EIGENSCHAFTEN und WIRKUNGSWEISE von SILIKONFARBEN
(Properties and mode of action of silicone-based coatings)

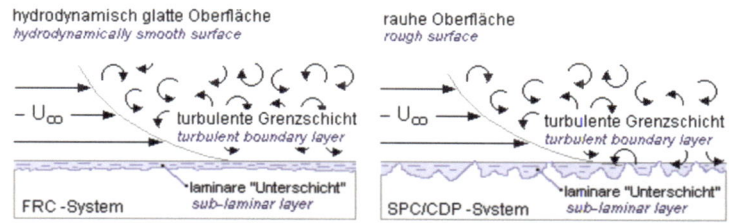

Abb.46: Entstehungsprinzipien von Verwirbelungen in der Grenzschicht nah an der Körperwand in Abhängigkeit von der Rauhigkeit [86]

Durch die glatte Oberfläche kann der laminare Charakter der Strömung in der Grenzschicht nah und länger an der Wand erhalten bleiben, da die mikroskopischen langwelligen Erhebungen bei Silikon nicht als Turbulenzerzeuger wirken. In *Abb.*47-48 sind Profile einer *TBT*-freien *SPC*-Beschichtung und eines *FRC*-Anstriches vergleichend gegenübergestellt. Die Messungen wurden mit einem optischen Lasermeßgerät[40] durchgeführt [82]. Beide Beschichtungen haben eine Stärke von 350μm und wurden in drei Schichten auf einer polierten Aluminiumplatte aufgetragen. Klar zu erkennen sind die sehr eng und frequent gepackten Berge (*peaks*) und Täler (*valleys*) auf der *SPC*-Oberfläche gegenüber der glatt gewellten Oberfläche mit niedrigen Erhebungen und deutlich längeren Wellenlängen[41] auf der Silikonfarbe. Durch die Skalierung der Abbildungen ist der ohnehin deutlich erkennbare Unterschied in der Realität über dreimal stärker ausgeprägt.

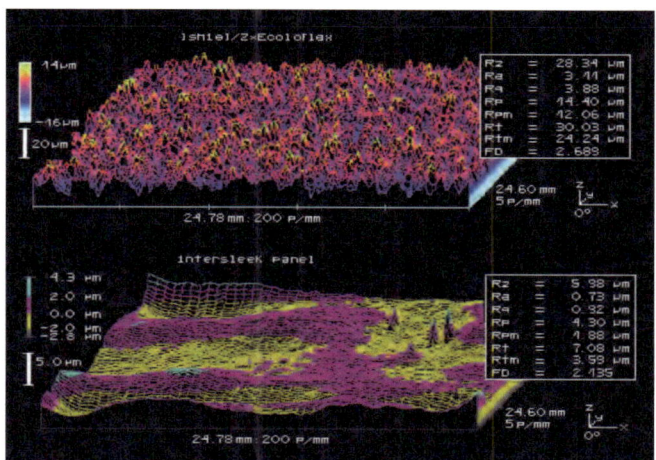

Abb.47 (Bild oben): Profilogramm einer mit SPC beschichteter Aluminiumplatte [82]
Abb.48 (Bild unten): Profilogramm einer mit FRC beschichteter Aluminiumplatte [82]

---

[40] *UBM Microfocus Measuring System*
[41] Die spezifische Energieverteilung auf der Oberfläche mit langen Wellenlängen (*FRC*) ist nach Candries [88] der Grund für den geringeren Reibungswiderstandes gegenüber Oberflächen mit gleicher Rauhigkeitshöhen aber kürzeren Wellenlängen.

Kapitel 4   EIGENSCHAFTEN und WIRKUNGSWEISE von SILIKONFARBEN
(Properties and mode of action of silicone-based coatings)

Candries [87] konnte zeigen, daß die extrem glatte Oberfläche einer Silikonbeschichtung gegenüber konventionellen Anstrichen einen deutlich geringeren Widerstandskoeffizienten C_T zur Folge hat. In zwei Versuchsreihen wurden Werte des Reibungswiderstandskoeffizienten einer nackten Aluminiumplatte, einer zweiten mit einem *TBT*-freien selbstpolierenden Antifouling und einer weiteren mit einer *FRC*-Beschichtung gemessen. Die Geschwindigkeiten betrugen bis zu $2m/s$ bei $2.55m$ langen Platten (*Abb*.49) [87] und bis zu $8m/s$ bei einer $6.3m$ langen Platte. Der Reibungswiderstand einer Silikonbeschichtung fiel bei Plattenversuchen zwischen 2 bis 23% geringer aus als bei einer hochqualitativen *SPC*-Beschichtung. Bei Rotationsversuchen mit beschichteten und unbeschichteten Zylindern wurde

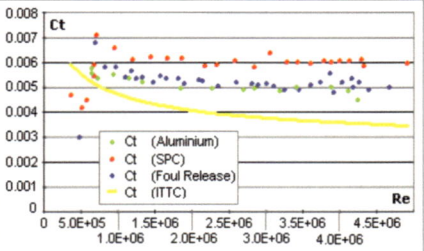

Abb.49: Gesamtwiderstandsbeiwert von drei unterschiedlichen Oberflächen über die Reynoldszahl [87]

zwischen *FRC* und *SPC* im Schnitt ca. 3,6% Unterschied beim lokalen Reibungswiderstand festgestellt [88]. Es konnte gezeigt werden, daß die fertigungstechnisch bedingte Schichtgüte für die deutlich variierenden Widerstandskoeffizienten verantwortlich war. Weiterhin ergaben zunächst Unstimmigkeiten in den Versuchen mit der 6.3m-Platte und bei den Rotationsversuchen, wo der Widerstand bei *FRC* niedriger ausfiel obwohl die Rauhigkeit gegenüber *SPC* höher gemessen wurde. Der Fehler konnte bei der Messung festgestellt werden, da sich die Meßnadel aufgrund der besonderen Schichtbeschaffenheit (Auftrag von Silikon auf einer nicht abgestrahlten *SPC*-Plattte) unruhig verhielt und die Rauhigkeitsmessung verfälschte. In der 23. *ITTC* Konferenz 2002 stellte Candries die in (*Tab*.5) [89] aufgeführten Ergebnisse seiner Forschungen vergleichend gegenüber.

Zusammenfassung der Arbeiten von Candries et al.	ΔC_T (compared to reference)	$\Delta U+$ (on average)	AHR [µm]
Towing tank experiments			
2.55m long plate	$2.0*10^6 < Re < 4.2*10^6$		
Sprayed FR	3.9	0.20	44
Sprayed SPC	23.4	2.17	75
6.3m long plate	$2.0*10^7 < Re < 4.0*10^7$		
Sprayed FR	3.9	0.21	62
Sprayed SPC	23.4	0.62	39
Rotor experiments (Cylinder)	$1.0*10^6 < Re < 2.1*10^6$		
Sprayed FR	4.3	1.00	108
Rollered FR	5.7	1.31	218
Sprayed SPC	8.0	1.80	54
Water tunnel experiments			
1m long vertical plate	$8.5*10^3 < Re < 3.4*10^4$		
Sprayed FR	10.9	1.25	51
Rollered FR	13.1	1.54	60
Sprayed SPC	16.0	1.80	69
1m long vertical plate	$1.6*10^4 < Re < 4.6*10^4$		
Sprayed FR	14.6	1.68	50
Sprayed SPC	22.9	2.71	30

Tab.5: Überblick über die charakteristischen Widerstände bei FRC- und SPC-Anstrichen bei Untersuchungen von Candries [89]

Andere Plattenversuche im Rahmen einer Leistungsprognose für eine Fregatte der Bundeswehr, zeigten ähnliche Tendenzen. Dabei wurde der Reibungswiderstandsbeiwert von *FRC* um ca. 7% geringer gemessen als der eines *TBT*-freien *CDP*-Antifoulings [85].

Kapitel 4   EIGENSCHAFTEN und WIRKUNGSWEISE von SILIKONFARBEN
(Properties and mode of action of silicone-based coatings)

4.2.3 Frei von Tributylzinn und von metallischen Bioziden
(Free of tributyltin and other metalic biocides)

Silikonbeschichtungen, wie von allen Herstellern angepriesen, sind weitgehend *TBT*- und biozidfrei. Durch ihre besonderen Eigenschaften sind sie eine Alternative zu den, meist mit toxischen Substanzen versehenen, erodierenden Antifoulings. Um Bewuchsanlagerung bei längeren Liegezeiten oder bei stationären, mit Silikon beschichteten Anlagen zu reduzieren, wurden Untersuchungen mit silikonbasierten Gitternetzstrukturen durchgeführt, denen nichtmetallische Biozide beigemischt wurden. Die Proben wurden stationär montiert und für 30 Tage dem Fouling ausgesetzt. Die Ergebnisse zeigten eine große Streubreite in Abhängigkeit von der Matrixart und von der Zusammensetzung der zugesetzten Stoffe. Die biozidfreien Referenzproben, der auf dem Markt befindlichen biozidfreien Silikonfarben, zeigten eine sehr gute Performance, so daß eindeutige Tendenzen über die Vorteile solcher Zusatzverbindungen nicht festgestellt werden konnten [90]

Für die Antihafteigenschaften der Polydimethylsilicone (*PDMS*) sind insbesondere deren glatte Oberfläche und ihre niedrige freie Oberflächenenergie verantwortlich. Diese besonderen Eigenschaften sind durch einen gewissen Anteil der in der *PDMS*-Matrix vorhandenen Silikonöle[42] gewährleistet. Diese Silikonöle werden im Laufe der Lebensdauer des Anstriches ausgeschwitzt, wodurch die Performance der Beschichtung leicht nachläßt. Die Abgabe der Silikonöle in die Umwelt ist grundsätzlich zu vermeiden bzw. minimal zu halten. Die in Silikonbeschichtungen vorhandenen Substanzen sind zwar nicht nachgewiesen toxisch, können praktisch nicht

Abb.50: Biozidfreie FRC-Beschichtung (links) und biozidhaltiger CDP-Anstrich (rechts) auf einem Tragflächenboot nach 24 Monaten im Einsatz [69]

abgebaut werden, und stellen somit, insbesondere in höheren Konzentrationen eine potentielle Umweltbelastung dar. Momentan können, aufgrund noch fehlender Untersuchungen, keine konkreten Aussagen zu dieser Problematik getroffen werden. Watermann et al. [91] untersuchten unter anderen Silikonbeschichtungen auf Organozinne und andere toxische Substanzen und deren Freisetzung in die Umwelt. Es wurde herausgefunden, daß die meisten silikonbasierten Oberschichten (*top-coat*) nur minimal (bzw. nicht nachweisbar) mit toxischen Substanzen versehen waren. Bei den Untergrundbeschichtungen (*tie-coat*) entdeckte man nur sehr geringe Mengen an *TBT*, bzw. die Konzentrationen waren nicht meßbar. Watermann et al. stellten fest, daß bei Silikonen durch ihre besondere Gitternetzstruktur, gute Voraussetzungen geschaffen sind, um zusätzliche (ggf. toxische) Substanzen zu integrieren Dies wurde bei den heute auf dem Markt befindlichen Silikonantifoulings bisher nicht explizit praktiziert. Zusammenfassend können *FRC*-Beschichtungen wegen ihrer geringen biologischen Affinität und geringer Konzentration an giftigen Substanzen als nicht bzw. sehr gering[43] toxisch eingestuft werden [91].

In einer Untersuchung einer *US*-amerikanischen Großfirma wurde der Einfluß der Silikonöle auf die Performance gegen Bewuchs untersucht. Zwei Proben; ein handelsüblicher *PDMS*-Elastomer und eine Probe mit 10% Silikonöl wurden an vier verschiedenen Stationen eingesetzt und auf Adhäsionskräfte des angesiedelten Bewuchses untersucht. Die Silikonfarben mit den höheren Silikonölgehalten haben auf allen Testflächen bessere Performance gegen

---
[42] Silikonöl: *PDMDPS* –polydimethyldiphenylsilicone
[43] die heutigen Grenzwerte deutlich unterschreitend

Kapitel 4   EIGENSCHAFTEN und WIRKUNGSWEISE von SILIKONFARBEN
(Properties and mode of action of silicone-based coatings)

Bewuchs gezeigt als handelsübliche Silikonfarben. Es konnten 9-, 10-, 35-, und 46% weniger Bewuchs festgestellt werden. Die Adhäsionskräfte der Seepocke auf handelsüblichen Referenzproben waren um ca. 35% stärker als auf den Platten mit den mit Silikonöl angereicherten Silikonfarben [92]. Die Versuchung, Silikonbeschichtungen mit mehr Silikonölen zu versehen, um die Wirksamkeit gegen Bewuchs zu erhöhen, liegt hier sehr nahe, ist jedoch aufgrund der höheren Umweltbelastung sehr skeptisch zu betrachten. Möglicherweise sind noch nicht alle Nebenwirkungen von Silikon bekannt. Nachhaltig negative Erkenntnisse bis hin zum absoluten Verbot, wie das bei *TBT* nach seiner Markteinführung der Fall war, sind bei Silikonfarben eher nicht zu befürchten. Im Jahr 1975 galten Organozinnverbindungen als umweltfreundlich [17], heute werden sie als hochtoxisch eingestuft und als giftigste Substanz die bewußt in die aquatische Umwelt eingeführt wurde, bezeichnet.

4.2.4 Niedriger Anteil an flüchtigen organischen Verbindungen
(Low proportion of volatile organic compounds)

Der Anteil an flüchtigen organischen Verbindungen (*VOC-volatile organic compounds*), d.h. an Substanzen die wegen ihres hohen Dampfdruckes (niedriger Siedepunkt) schnell verdampfen, ist bei Silikonverbindungen vergleichsweise gering. Der prozentuelle Volumenanteil von festen Komponenten (*solids*) mit niedrigerem Dampfdruck beträgt bei *SPC*- zw. 40-50%, bei *CDP*- zw. 50-60%, bei *FRC*-Antifouling Untergrundanstrich (*tie-coat*) ca. 60-70% und beim Hauptanstrich (*top-coat*) ca. 70-75% (<350 *gr/l*) [69]. Insbesondere beim Anbringen des Anstriches können Farben mit einem hohen VOC-Gehalt nicht nur die Umwelt, sondern auch die Beteiligten erheblich belasten und gesundheitlich schädigen und bedürfen deshalb besondere Schutzmaßnahmen bei der Applikation. Nicht zuletzt wird mit Lösemittelhaltigen Farben und Lacken die Bildung vom bodennahen Ozon gefördert mit den daraus resultierenden Folgen für die Umwelt. In den Datenblättern der jeweiligen Produkte ist der *VOC*-Anteil stets angegeben[44].

4.2.5 Lange Lebensdauer
(Long economic life-span)

4.2.5.1 Niedrigere Kosten wegen allgemein längerer Lebensdauer
(Low costs due of generaly long life-span)

Die allgemeine Lebensdauer eines silikonbasierten Antifoulings wird zwischen 10 und 25 Jahren angegeben. Bei erodierenden Beschichtungen ist die Lebensdauer, je nach Technologie, von der Freisetzungsrate und der Schichtdicke abhängig, wobei die Schichtdicke einen bestimmten Wert nicht übersteigen darf [38]. Während selbstpolierende Farben (*SPC*) bei kontrollierter Freisetzungsrate bis zu 5 Jahren überdauern, schaffen es die ablativen Antifoulings (*CDP*), aufgrund der abnehmenden Biozidfreisetzung und dadurch abnehmender Wirksamkeit gegen Bewuchs, auf bis zu 36 Monate Lebensdauer. Silikonbeschichtungen sind dagegen Antihaftbeschichtungen, die sich nicht abtragen und ohne Abgabe von toxischen Substanzen als Schutzmechanismus auskommen. Von den Herstellern wird eine hohe chemische Bindemittelstabilität angenommen und somit eine dauerhafte Haltbarkeit garantiert. Allerdings lösen sich die in einer Polydimethylsilikon-Verbindung enthaltenen Silikonöle im Wasser langsam auf, so daß die entscheidende Eigenschaft der niedrigen Oberflächenenergie leicht abnimmt [86]. Die durchschnittliche Rauhigkeit-*AHR* nimmt mit nur um 5μm jähr-

---
[44] Der VOC-Anteil kann im Labor empirisch nach einer der international anerkannten Methoden festgestellt werden. Die gerbräuchlichsten Methoden sind die *UK-PG6/23(92), Appendix 3* die *USA-EPA Federal Reference Method 24* und die *EU Council Directive 1999/13/EC*

Kapitel 4   EIGENSCHAFTEN und WIRKUNGSWEISE von SILIKONFARBEN
            (Properties and mode of action of silicone-based coatings)

lich[45] zu. Welchen Einfluß der Anteil der Silikonöle auf die Performance von *FRC*-Antifoulings hat, und wie stark sich deren Abnahme auf die Performance gegen Bewuchs auswirkt wurde bereits untersucht [92]. Bekannt ist, daß mit einem höheren Silikonölanteil, wegen der schwächeren Adhäsionskräfte der Organismen, weniger Fouling zu erwarten ist. Die stark variierenden Angaben zur Lebensdauer einer Silikonbeschichtung resultieren vor allem aus den vorsichtigen oder sehr optimistischen Erwartungen der Hersteller, wobei dies

Abb.51 (Bild links): Silikonaußenhaut eines Ro-Ro-Schiffes nach 61 Monaten im Einsatz vor dem Waschen [69]
Abb.52 (Bild mittig): Silikonaußenhaut eines Ro-Ro-Schiffes nach 61 Monaten im Einsatz nach dem Waschen [69]
Abb.53 (Bild rechts): Silikonaußenhaut eines LNG-Tankers nach 30 Monaten im Einsatz bis zur Hälfte gewaschen [69]

nicht bedeuten soll, daß ein einzelner Anstrich 10 oder mehr Jahre erhalten bleibt. Es bedeutet vielmehr, daß nach jeweils 5 Jahren lokale Ausbesserungen und ein kompletter Überzug mit nur einer einzigen Schicht eventuell vermeidbar ist, aber ausdrücklich empfohlen wird[46]. Um eindeutige Aussagen zu machen, muß noch abgewartet werden, da es kaum Schiffe gibt, die 20 Jahre mit einer Silikonbeschichtung im Betrieb sind. Erst in der zweiten Hälfte der 90er Jahre konnte die Silikontechnologie das Vertrauen in der Handelsschiffahrt für sich gewinnen. Die Angaben der Hersteller stützen sich somit teilweise auf Erfahrungen aus anderen Gebieten, insofern ist eine signifikante Aussage zur allgemeinen Lebensdauer von Silikonbeschichtungen im Moment nicht möglich.

4.2.5.2 *Verlängerung der Trockendockintervalle?*
(Extension of dry-dock intervals?)

Nach Meinung der weltgrößten und mit Silikonfarben am meisten erfahrenen Reederei kann für Schiffe mit silikonbasierten Unterwasseranstrichen eine längere Betriebsperiode ohne Trockenlegung befürwortet werden [117].
Bei den heute angewendeten, und auf den meisten Handelsschiffen benutzten, selbstpolierenden Antifoulings (*SPC*) ist es notwendig den Anstrich in periodischen Zeitabständen, in der Regel spätestens alle 60 Monate, zu erneuern. Da Silikonfarben eine weit längere Lebensdauer aufweisen, wirft sich zwangsläufig die Frage auf, ob es sinnvoll wäre die Trockenlegungsintervalle zu verlängern, soweit andere Forderungen von Flagenstaaten und Klassifikationsgesellschaften erfüllt werden. Die Internationale Maritime Organisation (*IMO*) fordert in der *SOLAS*-Konvention zwei Schiffsbodenuntersuchungen innerhalb von 60 Monaten an, allerdings ist nicht explizit erwähnt, daß eine davon eine Trockendockuntersuchung sein muß [116]. Nach Aussage der weltgrößten Reederei, würde für Schiffe mit einem silikonbasiertem Antifouling eine Trockenlegung alle 7,5 Jahre mit zwei dazwischen liegenden Unterwassruntersuchungen des Schiffsbodens (*In-water-survey, IWS*) ausreichen. Um

---

[45] Zum Vergleich: jährliche Rauhigkeitszunahmen werden bei *SPC* wird mit 20μm und bei *CDP* mit 40μm beziffert [69]
[46] Aussage von 2 Herstellern: Reparaturstellen und Ausbesserungen sind nach 5 Jahren notwendig, eine neue Schicht unter Umständen vermeidbar, aber grundsätzlich empfohlen; Aussage von 3 weiteren Herstellern: Reparaturstellen und Ausbesserungen nach 5 Jahren und ein neuer, einschichtiger Überzug (*Top-coat*) notwendig

die Aussagen zu untermauern wurde im Juni 2006 ein Pilotprojekt mit zwei 3700 TEU Schiffen *Laura Maersk* und *Lica Maersk* gestartet. Das Projekt steht unter technischer Analyse von *Lloyds Register*, *American Bureau of Shipping Ship Classification Society* und *Det Norske Veritas*. Flagenstaatliche Organisationen Sofartsstyrelsen (*Danish Maritime Authority*), *United Kingdom Maritime and Coastguard Agency* und die der Staat Singapur genehmigen Betriebsintervalle dieser, mit Silikonfarben beschichteter, Schiffe bis zu 20 Jahren. Modernes elektronisches Monitoring und Unterwasseruntersuchungen sollen die Sichtkontrollen im Trockendock ersetzen. Bei dem Vorhaben werden an den neuen Schiffen zwei Unterwasseruntersuchungen nach 30 und 60 Monaten durchgeführt und nach 7,5 Jahren erstmals eine Trockendockkontrolle; nach zwei weiteren *IWS* nach 10 und 12,5 Jahren werden die Schiffe nach 15 Jahren im Betrieb zum zweiten Mal trockengelegt. Bei den Unterwasseruntersuchungen werden die Veränderungen und das Schadensbild der Außenhaut genau analysiert, sowie auch andere wichtige Wartungs- und Kontrollarbeiten am Propeller, Ruder, Ventilkästen, Opferanoden etc. durchgeführt. Ergeben sich bei diesen Kontrollen Unstimmigkeiten wird eine Trockendockung angeordnet. Der Zweck dieses Vorhabens ist den Klassifikationsgesellschaften und den Flagenstaaten das Potential von Silikonfarben zu demonstrieren. Das angestrebte langfristige Ziel dieses Projektes ist eine Erweiterung der Trockendockintervalle für Schiffe mit modernen Unterwasseranstrichen stufenweise auf 7,5 auf später eventuell auf 10 Jahre bis die Farbe erneuert werden muß [117] (*Abb.*54).

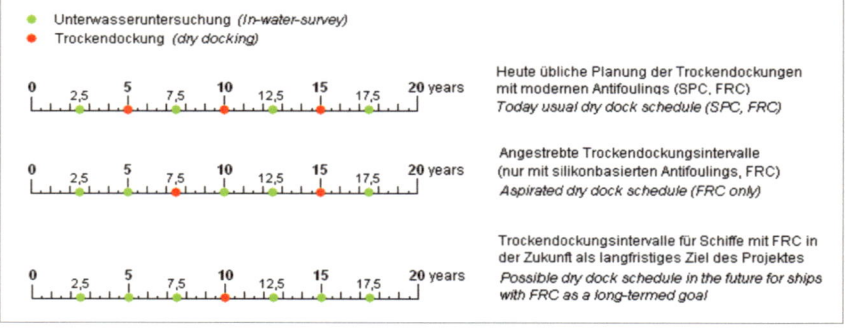

Abb.54: Trockendockintervalle heute und mit Silikonfarben angestrebte Trockendockintervalle in der Zukunft © *Afeltowicz*

Die Vorteile eines solchen Unternehmens liegen auf der Hand. Für Betreiber und Vercharterer von Schiffen mit Silikonfarben bedeutet eine längere Betriebsperiode ohne Trockenlegung und ohne Mehraufwand an zusätzlichen Untersuchungen einen leicht kalkulierbaren wirtschaftlichen Vorteil. Zum einen konnten so Mehreinnahmen aus der Charterrate resultieren, aber auch Kosten für die seltener anfallende Dockung konnten eingespart werden. Aus ökologischer Sicht wäre zum Vorteil, daß weniger Erneuerungsanstriche der ohnehin biozidfreien Silikonanstriche [91] erforderlich sind. Durch die sichtbar resultierenden und leicht kalkulierbaren finanziellen Vorteile würde wahrscheinlich ein Umsteigen der Schiffsbetreiber auf diese umweltfreundliche Alternative einen entscheidenden Impuls erhalten und so die aquatische Umwelt spürbar entlasten.

Kapitel 4   EIGENSCHAFTEN und WIRKUNGSWEISE von SILIKONFARBEN
(Properties and mode of action of silicone-based coatings)

4.2.6 Geringes Gewicht und niedriger Farbmaterialbedarf
(Low weight and low demand of material)

Mit dem geringeren spezifischen Gewicht von Silikonfarben (ca.$160gr/m^2$ bei $150\mu m$)[47], vor allem jedoch durch weniger Materialbedarf, beträgt die Gewichtsersparnis pro Quadratmeter zwischen 35-65% gegenüber einer *SPC*-Beschichtung (ca. $300gr/m^2$ bei $125\mu m$). Während bei Silikonanstrichen als Neusystem inklusive Korrosionsschutz 3 bis 4 Schichten (*layer*) eine vollständige Beschichtung ausmachen, sind es bei selbstpolierendem Antifouling, je nach Produkt und Spezifikation, 5 bis 7 Schichten. Dies kann bei einem großen Containerschiff ein Mehrgewicht im zweistelligen Tonnenbereich ausmachen (*Tab.*9). Bei einem erodierenden Antifouling nimmt das Gewicht des Anstriches wegen des Abtragens und des Abpolierens der Polymermatrix kontinuierlich ab, allerdings erreicht eine *SPC*-Beschichtung, selbst zu Ende ihrer Lebensdauer, das geringe Gewicht eines Silikonanstriches nicht. Wirtschaftlich bedeutet diese Differenz, daß über die Lebensdauer des Schiffes unnützes Gewicht transportiert wird und somit der Brennstoffbedarf permanent höher ist. Auch wenn diese Gewichtskomponente im Vergleich zum Gesamtgewicht des Schiffes nur einen geringen Bruchteil ausmacht und schwer quantifizierbar ist, muß mit nachhaltigen wirtschaftlichen Verlusten gerechnet werden. Ein grober Einblick in die Höhe solcher Kosten kann mit Hilfe von Abb.63 vorgenommen werden in der Jahresbetriebskosten der Maschine pro Container abgeschätzt werden.

4.2.7 Niedriger Reparatur- und Wartungsaufwand
(Low expense for maintenance and repairs)

Als wirksame Antihaftbeschichtungen lassen sich Silikonanstriche einfach reinigen. Bei Dockungen nach ca. 60 Monaten im Betrieb ist auf der Beschichtung nur eine dünne Schleimschicht (*slime*) zu beobachten. Größere Organismen können an der glatten Oberfläche nicht dauerhaft anhaften und werden von der Umströmung während der Fahrt ausgespült. Der Schleim kann in einem Dock problemlos und ohne besonderen Materialaufwand mit Druckwasser (200-350*bar*) ausgewaschen werden. Selbst unter einem Wasserdruck von 10 bar wird die Schleimschicht komplett entfernt [116] Auch Unterwasserreinigungen der Außenhaut bei Zwischeninspektionen, wie das bei Propellern üblich ist (polieren), sind möglich. Insbesondere bei Silikonbeschichtungen auf Schiffen mit geringerer Aktivität, bei denen sich der schwach anhaftende Schleim und eventuell kleinere Ansiedlungen von Makroorganismen sehr leicht entfernen lassen, gewinnt diese Option immer mehr an Bedeutung, da auch der Schleim einen Brennstoffmehrverbrauch von 1-2% verursacht [94].

Abb.55 (Bild links): Reinigungsarbeiten einer Silikonbeschichtung nach 31 Monaten im Einsatz [95]
Abb.56 (Bild rechts): Reinigungsarbeiten einer Silikonbeschichtung nach 12 Monaten im Einsatz [95]

---

[47] bei diesen Angaben wurde eine Spezifikation eines Herstellers gewählt

Kapitel 4 EIGENSCHAFTEN und WIRKUNGSWEISE von SILIKONFARBEN
(Properties and mode of action of silicone-based coatings)

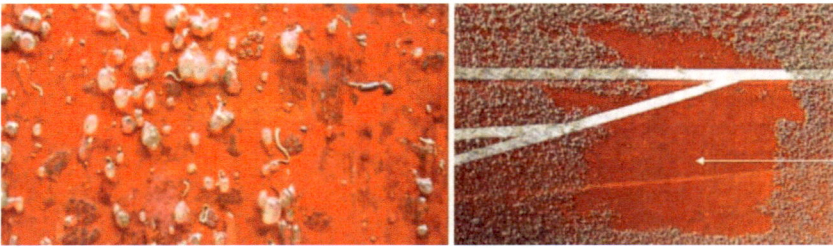

Abb.57: FRC-Außenhaut eines Marinebootes nach 23 Monaten im Einsatz und 7 Wochen vor der Dockung am Liegeplatz. Der Bewuchs (Manteltierchen und Röhrenwürmer) konnten mit einem Wasserabstrahlen mit 10 bar komplett ausgewaschen werden [37]

Bei Unterwassereinigung ist die Anwendung von speziell weichen Bürsten (*soft brushes*) in den Garantieverträgen der Farbhersteller vorgeschrieben [86]. Bei Trockendockungen entfällt das kostenaufwendige Sandstrahlen bzw. Auswaschen mit Hochdruckwasser. Lokale Reparaturstellen sind notwendig, doch die Fläche der Reparaturstellen (*touch-up*) fällt um 50% geringer aus als bei konventionellen Antifoulings. Weiterhin ist nur eine Schicht des Oberanstriches (*top-coat*) mit einer Stärke zw. 100-125μm empfohlen, kann allerdings auf Wunsch des Kunden unter Umständen ausgelassen werden. Die weniger auszuführenden Arbeiten an der Außenhaut haben den Vorteil, daß die Trockenlegungszeiten verkürzt und somit Kosten gespart werden können. Hiermit sind nicht nur niedrigere Dockungskosten gemeint, die wegen der kürzeren Dockungsliegezeiten anfallen, sondern auch, daß die Betriebszeiten des Schiffes verlängert werden, wodurch wiederum mehr Erlöse (Charterraten) zu erwarten sind. Charterraten beziehen sich auf die zu zahlenden Tagessätze für ein Schiff im Betrieb. Sie entfallen, wenn das Schiff im Dock liegt. Bei den aktuellen Raten kann sich somit schnell eine Kostenersparnis (zusätzliche Einnahmen) von mehreren 10.000 *US-$* ergeben. Nach Aussage des Produktmanagers des großen Farbenherstellers Jotun Coatings, sind Erstapplikationen einer Silikonbeschichtung innerhalb von 9 Tagen im Dock, inklusive Sandstrahlen des alten Antifoulings und Anbringen aller Teilbeschichtungen, zu bewältigen.

4.2.8 Hohe Materialkosten und hoher Applikationsaufwand
(High material costs and high effort by application)

Die höheren Materialkosten bei der Erstapplikation sind der Hauptgrund, warum sich die Silikontechnologie nur sehr langsam als alternatives Antifouling durchsetzt. Die reinen Materialkosten liegen, je nach Hersteller, um den Faktor 1,25-2,3 höher[48] gegenüber qualitativen *TBT*-freien *SPC*-Beschichtungen. Dies kann bei größeren Schiffen Mehrkosten bis zu 300.000 *US-$* bedeuten. Momentan steigen die Kosten für erodierende Antifoulings seit dem Verbot von *TBT* kontinuierlich an, während die Preise für Silikonanstriche vorerst stabil geblieben sind. Die Hersteller begründen diese Preisentwicklung mit den steigenden Rohstoffpreisen für Kupfer und Zink, den Hauptkomponenten in *TBT*-freien Anstrichen. Tatsächlich sind die Preise für Kupfer im Jahr 2005 im Vergleich zu 2004 um ca. 20% gestiegen, für Zink sogar um ca. 30%, was mit dem steigendem Rohstoffbedarf in Asien, insbesondere in China zusammenhängt [96]. In *Tab*.6 sind näherungsweise Vergleiche in der Preisgestaltung der verschiedenen Technologien aufgelistet. Zu den hohen Materialpreisen

---
[48] Um verzerrte Preisspannen zu vermeiden (z.B. durch Vergleiche von teuersten mit günstigsten Produkten verschiedener Hersteller) spiegeln diese Angaben die Differenzen im Vergleich von Produkten eines einzelnen Herstellers wieder.

kommen die Kosten für die notwendige Oberflächenvorbehandlung hinzu, um einen aus mehreren Komponenten/Schichten bestehenden Anstrich applizieren zu können. Einige Farbhersteller bieten Silikonprodukte an, die bei einer Systemumstellung mit einem speziellen Binder direkt über einer alten *SPC*-Beschichtung angebracht werden können, ohne das zeit- und kostenintensive Sandstrahlen. In diesen Fällen ist jedoch eine Vorbesichtigung und Spezifikation des Herstellers notwendig. Die Oberflächengüte der neuen Silikonschicht ist bei bestimmten Voraussetzungen der Rauhigkeit einer *FRC*-Schicht auf einem vorher abgestrahlten Schiff gleich. Der Faktor der Materialmehrkosten verschwindet nach Aussagen einiger Hersteller bei weiteren Dockungen nach 5 bis 10 Jahren. Bei Folgeanstrichen ist bei Silikonfarben jeweils nur eine Neuschicht (*renewal coat*) notwendig bzw. empfohlen, während *SPC*-Beschichtungen beinahe als komplette Neuapplikation behandelt werden müssen. Spätestens nach dem zweiten Renewal-Anstrich (nach 10 Jahren) sollten die Material- und Applikationskosten bei Silikonfarben niedriger ausfallen (Angaben von 2 Herstellern); ein Hersteller rechnet schon nach 5 Jahren mit einer Rentabilitätsgrenze[49] alleine aus der Ersparnis durch die geringeren Materialkosten. Ein weiteres Nachteil bei der Erstapplikation von *FRC*-Antifoulings ist ein enges Zeitfenster zwischen der Anbringung vom Binder (Unterschicht, *tie-coat*) und der äußeren Schicht (*top-coat*). Dieses Zeitintervall beträgt zwischen 12-24 Stunden in der das komplette Schiff appliziert werden muß. Unvorhersehbare Ereignisse wie Gerätschaftausfall oder unerwartet aufgetretene ungünstige Wetterbedingungen[50] müssen als Risikofaktoren angesehen werden. Applikationen in Regionen und Jahreszeiten mit höherer Regenwahrscheinlichkeit sind zu meiden, ebenso dürfen die Temperaturen nicht tiefer als 5-10°C liegen. Der Material- (Pumpen, Schläuche, Spritzdüsen etc.) und Personalmehraufwand liegen um Faktor 3-4 höher gegenüber *SPC*-Applikationen. Des weiteren ist ein Austreten der Farbe in die Umgebung (*overspray*) strikter zu handhaben als bei konventionellen Farben. Die Kontaminierung des Wassers und der Bodensedimente ist aufgrund des in der Natur praktisch nicht abbaubaren Silikons unbedingt zu vermeiden.

	TBT-freien Alternativen	TBT SPC Antifouling mit Basiswert=100
CDP		ca. 150%
Hybrid		ca. 175%
SPC		zw. 300-400%
FRC		zw. 500-600%

Tab.6: Preisvergleich der Antifoulingfarben

4.2.9 Geringer Widerstand gegen mechanische Beschädigungen
(Low resistance against mechanical damage)

Der Widerstand von Silikonfarben gegen mechanische Beschädigungen ist relativ gering. Insbesondere in den ersten Tagen nach der Applikation ist die Farbe besonders weich und sehr anfällig für Beschädigungen. Eine Ausbreitung der beschädigten Stellen (*cold-flow*) tritt bei Silikonfarben nicht auf. Die Beschädigungen bleiben lokal, dort, wo ein Kontakt mit einem Gegenstand entstanden ist und einen Materialabtrag verursacht hat. Dies hat den Vorteil, daß die Fläche der zu reparierenden Stellen um ca. 50% geringer ausfällt als bei erodierenden Antifoulings. Abschürfungen der Außenschicht sind im Bereich der vertikalen Seitenwände (*verticals*), im Bugbereich (*bow*) und allgemein im Bereich der Wasserlinie am häufigsten anzutreffen (*Abb.*58, 59) [69]. Fahrten über Eiswasser sind für Schiffe mit Silikonbeschichtungen zu meiden. Diese Eigenschaft der Standhaftigkeit gegen mechanische Beschädigungen ist wirtschaftlich von übergeordneter Bedeutung, da beschädigte Stellen nicht mehr geschützt werden und somit leichter bewachsen werden. In *Abb.*60 [69] ist diese

---
[49] Diese Betrachtung beinhalten nicht eventuelle Brennstoffkostenersparnisse.
[50] Es ist nach Angaben der Hersteller in der Praxis noch nicht vorgekommen, daß aufgrund eines Wetterumschwungs die Arbeiten abgebrochen werden mußten und ein kompletter *Tie-coat*-Neuanstrich notwendig war.

Erscheinung deutlich zu erkennen. Viel gravierender ist das Fouling bei Bewuchsorganismen (besondere Algenarten, Moostierchen), die von einer einzelnen kleinen Stelle ausgehend bis zu 30-40*cm* Länge anwachsen können (*Abb.*44) [66].

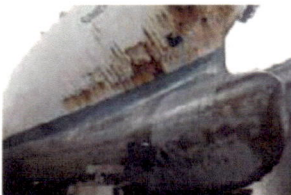  

Abb.58 (Bild links): Mechanische Beschädigungen im Bugbereich eines Kühlschiffes nach 70 Monaten im Einsatz [69]
Abb.59 (Bild mittig): Grünalgenbewuchs im Bereich der Wasserlinie an einem Car-Carrier, 35 Monate im Einsatz [69]
Abb.60 (Bild rechts): Farbabträge in Folge von Eisfahrten an einem Car-Carrier [69]

Bei schweren Beschädigungen kann auch der Korrosionsschutz angegriffen werden, wobei mechanische Einwirkungen die auf Silikonfarben Schäden bis in den Korrosionsschutz hervorrufen mit großer Wahrscheinlichkeit auch bei konventionellen Beschichtungen sichtbare Farbabträge zur Folge hätten. Eine Möglichkeit, das Problem der geringeren Standhaftigkeit von Silikonfarben gegen mechanische Einwirkung zu umgehen, ist diese nicht an stark beanspruchten Stellen zu applizieren. Flachböden, die Grundberührungen ausgesetzt sind, oder vertikale Wände im Mittschiffsbereich, die in den Häfen und Schleusen andocken, können alternativ mit widerstandsfähigeren Farben versehen werden. Eine große deutsche Reederei wendet die Silikontechnologie in Kombination mit einer standhaften *SPC*-Alternative an. Die insbesondere für Panamaüberfahrten stark beanspruchten vertikalen Seiten im Mittschiffsbereich wurden mit *SPC* beschichtet (ca. 15 bis 20% der benetzten Oberfläche), der Rest des Schiffes wurde mit *FRC* bedeckt. Diese Lösung erwies sich als sehr erfolgreich, und wird bei folgenden Applikationen verfolgt.

4.2.10 Mindestanforderungen an Geschwindigkeit und Aktivität
(Demand of minimum speed and activity)

Die Aussage, daß die Silikontechnologie, aufgrund der Anforderungen an Geschwindigkeit und Aktivität, nur für den Randbereich des Marktes von Interesse sei, ist nicht mehr ganz aktuell. Inzwischen bieten beinahe alle Hersteller verschiedene Silikonbeschichtungen für unterschiedliche Betriebsprofile an. Für Schiffe mit Geschwindigkeiten über 15-17*kn* und mit einer Mindestaktivität von 65-70% ist eine ganze Reihe von Produkten auf dem Markt vorzufinden. Wenn man sich die Einsatz- und Betriebsprofile der heutigen Seeschiffahrt näher ansieht, ist eindeutig, daß diese Bedingungen nicht nur von den schnellen Container-, Kühl- oder Fahrgastschiffen erfüllt werden, sondern auch inzwischen viele neugebaute, als langsam angesehene, Schiffstypen wie Tank- oder Massengutschiffe diese Mindestanforderungen erreichen. Es gibt eine Reihe von Testversuchen zur Bestimmung des Befreiungsgrades von Makrobewuchs in Abhängigkeit von Geschwindigkeit und Dauer der Geschwindigkeitseinwirkung. Schulz [97] zeigte in den Plattenversuchen, daß über 60% der innerhalb von 4-6 Tage angewachsenen Grünalge *Enteromorpha* schon nach 50*m* bei einer Geschwindigkeit von 16,4*kn*[51] abgetragen waren. Auch bei niedrigeren Geschwindigkeiten und höherer

---
[51] 50m stromabwärts mit 16,4*kn* entspricht einer Wirkungsdauer von 6 Sekunden

Kapitel 4   *EIGENSCHAFTEN und WIRKUNGSWEISE von SILIKONFARBEN*
(Properties and mode of action of silicone-based coatings)

Einwirkungsdauer kommt es meist zum vollständigen Auswaschen des Makrobewuchses. Für Schiffe die langsamer als 15*kn* fahren gibt es mindestens eine technisch ausgereifte Silikonbeschichtung. Bei einem langsamen Tanker mit einer Geschwindigkeit von 13*kn* wurde eine neue *FRC*-Alternative bereits erfolgreich getestet[52]. Dabei war, wie bei den anderen Silikonfarben, eine Schleimbildung zu erkennen, allerdings wurde kein tierischer Makrobewuchs festgestellt. Für schnellere Wasserfahrzeuge mit Betriebsgeschwindigkeiten über 25*kn* entwickelten einige Hersteller spezielle Silikonfarben, die längere Liegezeiten bei garantierter Performance erlauben. Für Schiffe, wie Fregatten und andere Marinefahrzeuge, die sehr schnell fahren können, aber oft über längere Zeiträume stationär operieren, ist diese Option eine willkommene Alternative. Zusammenfassend kann behauptet werden, daß die Mindestanforderungen an Geschwindigkeit immer mehr ein Kriterium für die Produktauswahl, jedoch nicht mehr eine Ausschlußbedingung für das sinnvolle Anwenden einer Silikonbeschichtung auf seegehenden Handelsschiffen.

4.2.11 Ökologische Verträglichkeit
(Ecological compatibility)

Die Versprühung von Silikon in die Umwelt beim Applizieren oder die Silikonanteile, die beim Abrieb auf den Meeresgrund gelangen, sind Tatsachen, die Fragen nach dem Verbleib dieser Verbindungen in der Meeresumwelt aufwerfen. Silikonverbindungen sind äußerst stabil und unabbaubar. Sie besitzen keine bis sehr geringe Toxizität [91] und sind als unschädlich einzustufen. Das Akkumulationspotential von Silikon in der Umwelt ist jedoch minimal und der Verbleib im Sediment auf unbestimmte Zeit garantiert.
Durch die Zugabe von Flüssigkeiten, die aus der Oberfläche der *FRC*-Beschichtung langsam austreten, wird versucht die Wirksamkeit von *FRC*-Antifoulings zu erhöhen. Diese Maßnahmen, sofern es sich bei den ausgeschwitzten Fluida um Silikonöle handelt, sind als sehr bedenklich einzustufen und werden in Zukunft sicherlich zu weiteren Diskussionen führen. Die Frage nach der umweltbelastenden Herstellung und Entsorgung von Silikon als Stoff ist nicht verkehrt, doch muß man sich vor Augen halten, daß Silikon nicht mit der Entwicklung von Schiffsanstrichen entdeckt wurde. Silikon und seine Nebenprodukte gehören in der heutigen Industrie und in privaten Haushalten seit Jahrzehnten zum Alltag. Bisher wurde jedoch nicht ernsthaft über die Umweltverschmutzung durch Produktion und Entsorgung von Silikon diskutiert. Nach Aussagen des Bundesministeriums für Verkehr[53] existieren momentan keine Bedenken bezüglich des Silikoneintrags in die aquatische Umwelt, da aktuelle Grenzwerte deutlich unterschritten werden. Auch die Herstellung, Handhabung und Entsorgung von Silikonprodukten sind momentan unbedenklich. Ob es beim steigenden Bedarf an Silikonfarben zu Richtlinienänderungen kommt, ist nicht Gegenstand heutiger Überlegungen. Zusammenfassend kann behauptet werden, daß Silikonbeschichtungen nach dem heutigen Stand der Technik eine hervorragende Kompromißlösung für eine gute Performance gegen Bewuchs und eine Entlastung der Umwelt im Hinblick auf den Eintrag von toxischen Substanzen in die Weltmeere bieten.

---

[52] Aussage des Produktmanagers eines großen Farbherstellers bei der Produkt-Präsentation am 03.11.2005 in Hamburg
[53] Aussage: Frau Breuch-Moritz beim Germanischer Lloyd Exchange Forum „Shipping and Environment " v. 09.11.05 in Hamburg

Kapitel 5   RANDBEDINGUNGEN der KOSTEN-NUTZEN-ANALYSE
(Basic conditions for the cost-benefit calculation)

5. Rahmenbedingungen der Kosten-Nutzen-Kalkulationen
(Basic conditions for the cost-benefit calculation)

Aufgrund der besonderen Eigenschaften von Silikonbeschichtungen entstehen gegenüber erodierenden Antifoulings ökonomische und ökologische Vorteile. Je nach Chartervertrag können der wirtschaftliche Nutzen (Brennstoffersparnis) und der technisch-finanzielle Aufwand für eine Applikation (Wartungsarbeit) in der Hand der sich gegenüber stehenden Parteien liegen. Unter Umständen können langfristig beide Parteien von den Vorteilen profitieren, der Charterer als Mieter und Nutzer und der Vercharterer als Eigner und technische Betreuer des Schiffes. In dieser Untersuchung werden insbesondere die Randbedingungen für den in der heutigen Containerschiffahrt klassischen Chartervertrag, die mittel- bis langfristige Zeitcharter (*period time charter*) untersucht. In dieser Vertragsart ist der Vercharterer für die Besatzung, Wartungs- und Reparaturarbeiten und den Betrieb des Schiffes verantwortlich. Der Charterer übernimmt die Bunkerkosten, die Hafen-, Lotsen- und Kanalgebühren sowie Kosten für den Ladungsumschlag. Ein finanzieller Mehraufwand für die Erstanbringung vom Außenhautanstrich, möchte zunächst von keiner Seite übernommen werden, zumal diese Technologie erst langsam das Vertrauen des Marktes gewinnt. Eine der Aufgaben dieser Ausarbeitung ist die Motivation der beiden Seiten für oder gegen eine Silikonbeschichtung herauszufinden und nach Lösungsvorschlägen zu suchen, die für beide Parteien ökonomisch attraktiv sind. Dazu müssen zunähst, als die Grundlage der Betrachtung, die Problematik der Finanzierung einer Silikonbeschichtung definiert werden. Weiterhin müssen die Vor- und Nachteile für die Parteien erkennbar werden, und es müssen Randbedingungen definiert werden, mit denen eine wirtschaftliche Kalkulation aufgestellt werden kann.

5.1 Betriebsformen der Schiffahrt
(Modes of operation in the merchant navigation)

Der Reeder bietet die Transportleistung auf dem Markt an, der Verlader sucht für seine Ladung geeignete Transportmöglichkeiten. Treffen das Angebot und Nachfrage zusammen, bildet sich ein Preis für die Transportleistung (Frachtrate). Anbieter und potentieller Charterer treffen sich in der Regel nicht zu festgesetzten Zeiten an örtlich konzentrierten Märkten. In der heutigen Schiffahrt findet die Zusammenkunft von Angebot und Nachfrage meist über einen Broker oder Agenten statt. Dies bietet nicht die Durchsichtigkeit und Überschaubarkeit wie bei Aktienmärkten oder Auktionen [98]. Die Frachtraten können kaum einheitlich sein, da sie von vielen verschiedenen Faktoren abhängen [99]:

- Die Transportleistungen sind räumlich differenziert (d.h. sie fallen an verschiedenen Orten für unterschiedliche Routen an)
- Die Ladungen unterliegen unterschiedlichen Qualitätsanforderungen bezüglich Ladungsbehandlung, Umschlagstechnik, Schiffsmaterial und Organisation
- Die Transportleistungen erfolgen zu verschiedenen Terminen und Jahreszeiten
- Der Transport kann durch Kaufverträge/Lieferklauseln an Reedereien gebunden sein

Es bleibt festzuhalten, daß je nach Charterart nicht unbedingt eine Transportleistung in Frachtraten berechnet wird, sondern, wie das beispielsweise in der Containerlinienschiffahrt der Fall ist, wird das Schiff als Transportmittel unter Bezahlung einer täglichen Charterrate vermietet/angeboten. Der Charterer benutzt das gemietete Transportmittel „Schiff", um nach seinem Fahrplan, Bedarf und Philosophie eine Transportleistung auf dem Markt anzubieten und zu erbringen.

Kapitel 5   RANDBEDINGUNGEN der KOSTEN-NUTZEN-ANALYSE
(Basic conditions for the cost-benefit calculation)

5.1.1 Charterarten
(Forms of charter)

5.1.1.1 Reisecharter
(Voyage charter)

Meist handelt es sich bei der Trampschiffahrt um einzelne Transportleistungen einer spezifischen Ladung für eine bestimmte Reise, für die der Charterer keine längerfristigen Verträge benötigt. Die Geschäfte der Trampschiffahrt werden meist über Broker oder Agenturen abgewickelt, die den Kontakt zwischen Angebot und Nachfrage herstellen und oft die gesamte Abwicklung für die Nachfrageseite übernehmen. Der Begriff Trampschiffahrt wird verallgemeinert mit dem Massenguttransport in Verbindung gebracht. Für eine bestimmte Anzahl mehrerer aufeinander folgender Reisen wird ein Konsekutiv-Charter abgeschlossen.

5.1.1.2 Befrachtungscharter
(Contract of affreightment)

Oft verlangt ein Reeder oder Schiffseigner einen festen Preis pro Tonne und Entfernung, ggf. in einem genannten Zeitraum, ohne sich dabei auf ein bestimmtes Schiff seiner Flotte oder auf eine bestimmte Ladung festzulegen. Diese Art der Verträge bietet dem Reeder eine hohe Flexibilität, insbesondere bei einer größeren zur Verfügung stehenden Flotte, da lediglich der späteste Zeitpunkt der Ausladung festgeschrieben ist, nicht aber das Schiff, der Beginn oder die Dauer des Transportes.

5.1.1.3 Bareboat-Charter
(Bareboat charter)

Der Schiffseigner überläßt das komplette Schiff, meist für einen bestimmten Zeitraum, manchmal für eine bestimmte Route, dem Charterer. Der Vorteil für den Mieter des Schiffes liegt in der Organisation der gesamten Transportkette (Einladung-Transport-Ausladung), so daß beim entsprechenden Management Kosten gespart werden können. Die Optimierung der operativen Kosten (minimale Ballastfahrten, Bunkern in ausgewählten Häfen, das Anpassen des Schiffes/Route an eigene Bedürfnisse, Personalkostenersparnisse etc.) ist einer der Ziele des Schiffnutzers. Der Charterer operiert, betreut und wartet das Schiff so, als ob es sein Eigentum wäre, wobei die Reparatur- und Wartungsarbeiten vertraglich festgelegt werden.

5.1.1.4 Zeitcharter
(Time charter)

Bei dem Zeitcharter wird das Schiff für einen bestimmten Zeitraum angeheuert, für den Charterraten zu entrichten sind (Tages-, Monats- oder Jahresraten). Die Höhe der Charterraten hängt in der Regel stark von der Dauer der Zeitcharter ab; nach dem Prinzip „längerer Charter – günstigere Tagesrate". Die Zeitcharterarten können nach zwei weiteren Typen unterschieden werden:

- *Period time charter*: Das Schiff wird für einen bestimmten, meist längeren Zeitraum angemietet, wobei die täglich anfallenden Charterraten monatlich oder zweiwöchentlich gezahlt werden. Der Schiffseigner (Vercharterer) ist dabei für den Betrieb des Schiffes verantwortlich (Lizenzen und Zertifikate, laufender Betrieb, Wartung, Personal, Reparaturen). Der Charterer bestimmt die Fahrtrouten bzw. den Fahrplan und hat die Brennstoff- und Ladungsumschlagkosten sowie Hafen-, Lotsen- und Kanalgebühren zu zahlen.

Diese Form der Charter ist in der heutigen Containerlinienschiffahrt am häufigsten anzutreffen und wird als Randbedingung für die Ausführungen in dieser Arbeit angenommen.

- *Time trip charter*: Das Schiff wird, ähnlich wie in der Trampcharter, für einen einzelnen Auftrag angeheuert (eine bestimmte Ladung für eine oder mehrere spezifische Routen), wobei die Transportleistung nicht pauschal, sondern nach der Tagescharterrate in einem festgelegten Zeitraum bezahlt wird.

In dem Zeitcharter wird vor allem der Brennstoffbedarf für das Schiff, je nach Leistung/Geschwindigkeit, genau festgelegt und vom Vercharterer garantiert (*vessel performance warranty*). Weiterhin werden „Entschädigungsgebühren" für die eventuell anfallenden Betriebsausfallzeiten (*off-hire*) festgeschrieben, falls das Schiff notfallbedingt den Fahrplan nicht einhalten kann. Die *Off-hire*-Zeiten sind im Containerlinienverkehr eine sehr unbeliebte Erscheinung und eventuelle Garantieansprüche des Charterers können für den Vercharterer schmerzhafte finanzielle Folgen auslösen. Schiffsbetriebspausen, wie z.B. Trockendockung und andere vorhersehbare Wartungs- und Reparaturarbeiten werden im Chartervertrag festgelegt. Im Folgenden wird auf die, in dieser Untersuchung relevante und in der Containerschiffahrt übliche *Period time charter* näher eingegangen.

5.1.2 Container-Linienschiffahrt
(Liner trade in the container shipping)

In der Container-Linienfahrt verkehren die Schiffe meistens zyklisch in einem bestimmten geographisch eingegrenzten Fahrtgebiet. Der Liniendienst ist gekennzeichnet durch seine Regelmäßigkeit und operative Stabilität, d.h. die strikte Bedienung eines Fahrplans. Zusammenfassend kennzeichnen folgende Kriterien die Betriebsform „Liniendienst":

- ✓ Regelmäßigkeit: gleichmäßige Verteilung der Abfahrten über ein Monat/Jahr
- ✓ Häufigkeit: Gewährleistung einer hohen Abfahrtsfrequenz (wöchentlich/14tägig)
- ✓ Pünktlichkeit: Einhaltung der angegebenen Fahrplanzeiten (Abfahrt/Ankunft)
- ✓ Operative Kontinuität: Beibehaltung des Bedienungsplans über einen längeren Zeitraum
- ✓ Common Carrier: Beibehaltung des Frachters und Beständigkeit der Preisgestaltung

In Container-Liniendienst wird das Ziel verfolgt eine möglichst große Vielzahl an Befrachtern und Verlader zu bündeln. Durch die Vereinheitlichung der Transportladung zu gleichen Einheiten[54] (Container, *TEU*) und durch das standardisierte Handling von Containern, ist die internationale Containerschiffahrt seit Jahrzehnten der Hauptwachstumsmotor im Stückgutumschlag. Durch die fortschreitende Globalisierung und den wirtschaftlichen Konjunkturboom in Asien, vor allem in China, hat die Containerschiffahrt in den letzten Jahren einen zusätzlichen Aufschwung erlebt. Durch die immer größer werdende Containerflotten und damit die wachsende Flexibilität sind die Reeder vor mehreren Jahren dazu übergegangen, neben den „*Point-to-Point*"-Diensten (von A nach B und zurück), so genannte „*Round-the-World-Services*" (Welt-Rundreisen) zu betreiben, bei denen die Liniendienste sowohl in westlicher als auch in östlicher Richtung angeboten werden. Mit den Welt-Rundreisen wollte man die Schwierigkeiten der Containerlogistik optimieren. Diese Dienste sind mit einer Panamakanaldurchfahrt verbunden und somit nur für bestimmte Schiffsgrößen möglich [99].

---

[54] Container, TEU (twenty foot equivalent unit) gibt es in streng genormten Abmaßen; während 20'- und 40'- Container die üblichen „Einheitsgrößen" darstellen, gibt es noch 10'-, 30'-, 48'-Container (und andere), die sich im Markt nicht nennenswert durchsetzen konnten; neben den Standardcontainer als eine stabile Box gibt es noch eine Reihe von anderen Containertypen und Sonderformen wie Open-Top-Container (offene Decke oder Wände), Insulated-Container (isolierend), Refrigerated Container (kühlend mit eigenem Aggregat oder mit Anschluß für Fremdkühlung), Bulk-Container (für Schüttgut), Flat, Plattform (Containerböden), Tank-Container (für Flüssigkeiten)

Kapitel 5   RANDBEDINGUNGEN der KOSTEN-NUTZEN-ANALYSE
(Basic conditions for the cost-benefit calculation)

Momentan befindet sich die Containerschiffahrt in einer andauernden Boomphase, in der zweistellige Wachstumsraten verbucht werden und die Charterraten auf einem sehr hohen Niveau liegen. Auch in Deutschland werden, durch die verbesserte Gesetzeslage[55], wieder mehr Schiffe registriert. Nach Auswertung des Bundesministeriums für Wirtschaft und Technologie wuchs der gesamte Welt-Stückgutumschlag (inklusive Container) in den Jahren zwischen 1980-2000 um ca.104% während der Containermarkt in der gleichen Zeit um ca. 448% gewachsen ist und somit zweifellos als der Wachstumsmotor des Stückgutumschlags betrachtet werden kann [109]. An dieser Stelle sei darauf hinwiesen, daß die Wachstumsdynamik im Containermarkt seit dem Jahr 2000 mit Steigerungsraten im zweistelligen Bereich gewachsen ist, und für die Jahre 2006-2007 (anhand der Auftragslage der Werften mit ca. 450 neue Containerschiffen mit 1,9 Mio. *TEU*) der Trend voraussichtlich erhalten bleibt [107]. Im Jahre 2006 bei weiterhin steigendem Welthandel und Transportvolumen, wird, nach Einschätzung des Verbands Deutscher Reeder [110], der Höhepunkt der Ablieferungen erreicht, so daß erstmals mit einem Angebotüberschuß und somit mit einer signifikanten Abschwächung des Ratenniveaus gerechnet werden muß.

5.2 Beweggründe für das Anbringen einer Silikonbeschichtung
(Incitements for application of silicone-based antifoulings)

Die Entscheidungsgründe für eine Silikonbeschichtung können einen monetären Charakter haben, d.h. eine Geld betreffende Form annehmen, indem die Entscheidungen direkt mit einem finanziellen Nutzen verbunden sind. Brennstoffkostenersparnisse aufgrund des reduzierten Reibungswiderstandes oder langfristige Reduzierung der Kosten für Wartung und Instandhaltung sind ein Beispiel dafür. Direkte und nicht monetäre Beweggründe sind Entscheidungen aus rein umweltschutztechnischer Motivation, ohne nach finanziellem Profit zu suchen. Ein Verzicht auf toxische biozidhaltigen Antifoulings oder die Verminderung des Kohlendioxid- und Schwefeldioxidausscheidung durch weniger Leistungsbedarf sind somit keine monetären Beweggründe. In *Abb.*61 sind die Vorteile aus der Applikation einer Silikonbeschichtung graphisch dargestellt.

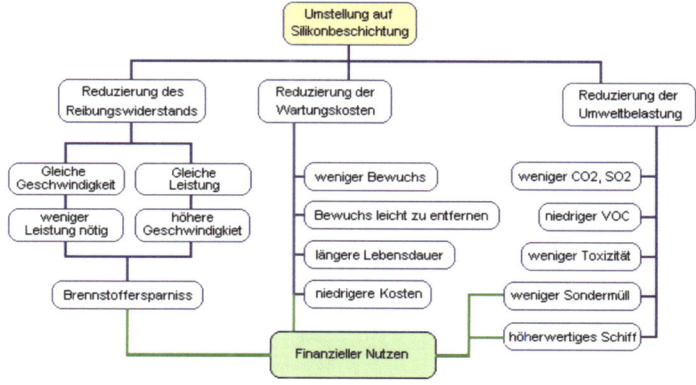

Abb.61: Übersicht über die Vorteile der Umstellung auf eine Silikonbeschichtung   © *Afeltowicz*

---

[55] Tonnagesteuer ist eine gesetzliche Regelung bei deren Anwendung anstelle des tatsächlichen Gewinns oder Verlustes der steuerliche Gewinn pauschal ermittelt wird. Grundlage der Pauschalisierung ist die Nettoraumzahl, die "Größe" des Schiffes. Zielsetzung der Tonnagesteuer ist eine Stärkung des Schiffahrtsstandortes Deutschland. So ist unter anderem eine Anwendungsvoraussetzung, daß die Bereederung des Schiffes aus Deutschland zu erfolgen hat und das Schiff im Wirtschaftsjahr in das inländische Schiffsregister eingetragen ist.

Kapitel 5 RANDBEDINGUNGEN der KOSTEN-NUTZEN-ANALYSE
(Basic conditions for the cost-benefit calculation)

5.2.1 Umwelttechnische Vorteile *(E-*
cological advantages)

Umwelttechnische Vorteile von Silikonbeschichtungen gegenüber biozidhaltigen Antifoulings sind offensichtlich. Eintrag von toxischen Substanzen in die maritime Umwelt findet nicht statt. Der Anteil flüchtig organischer Substanzen ist sehr niedrig und durch weniger Leistungsbedarf bei reduziertem Reibungswiderstand kommt es zu weniger Ausstoß von Kohlendioxid (CO_2) und Schwefeldioxid (SO_2) bei gleicher Transportleistung. Der Verbleib von den nicht abbaubaren Silikonöle, die aus einem Silikonanstrich ausgeschieden werden[56], wird von vielen Kritikern skeptisch betrachtet, allerdings sind erstens die Mengen, laut Gesetzgebers, minimal und unbedenklich [Kap. 4.2.11], und zweitens ist die Substanz Silikon nicht toxisch oder nachweisbar schädlich.

Durch weniger Wartungsaufwand bei Folgeapplikationen wird weniger zu entsorgenden Sondermüll produziert; die alten Farbreste müssen nicht abgestrahlt werden. Des weiteren bedarf ein Silikonerneuerungsanstrich nur die Bearbeitung von lokalen Stellen (*touch-up*), das ca. 3%[57] der Gesamtfläche ausmacht sowie einer einzelnen Schicht des Oberanstriches[58] [Kap. 4.2.8], wodurch weniger Material in die Umwelt zerstreut werden kann. Für den Charterer und den Vercharterer resultieren finanzielle Vorteile direkt oder indirekt aus dem umweltverträglichen Schiffsanstrich. Der Vercharterer kann mit einem umweltfreundlichen Anstrich eine höherwertigere Zertifizierung des Schiffes (der Flotte) erlangen, mit der nicht nur höhere Charterraten erwartet werden können, sondern auch seine Marktstellung gegenüber umweltbewußten Interessenten verstärkt werden kann. Die Umweltmanagementnorm *ISO 14001*[59], die nur mit einem entsprechenden Unterwasseranstrich als eine der Bedingungen erreicht werden kann, wird von vielen Reedereien angestrebt. Inzwischen wird diese Norm bei vielen Charterausschreibungen vorausgesetzt. Viele Chartergesellschaften legen einen großen Wert darauf die Kunden (Transportladung) mit Umweltzertifikaten zu akquirieren. Der kundenorientierte Vercharterer muß sich den Bedürfnissen des Marktes anpassen und die bestmögliche Ausgangsposition anstreben, um im harten Chartermarkt bestehen zu können.

Für den Charterer entstehen direkte finanzielle Vorteile. Durch Zertifizierungen wie *ISO 14001* [101] oder *Green Award* [102] werden Rabattsysteme gewährleistet, die als Anreiz für umweltverträgliches Handeln dienen. Vor allem in europäischen Häfen (z.B. mit „*Green Award*" sind in Rotterdam 6% weniger Hafengebühr fällig) und vielen anderen maritimen Diensten (Lotsen- und Reviergebühren, Schleppgebühren, Hafenservice etc.) werden solche Preisnachlässe geboten.

5.2.2 Wirtschaftliche Vorteile *(E-*
conomical advantages)

Wirtschaftliche Vorteile entstehen bei der Anwendung von Silikonbeschichtungen aus verschiedenen Gründen. Durch Reduzierung des Reibungswiderstandes sinkt der Leistungs- und somit der Brennstoffbedarf bei gleicher Geschwindigkeit oder es kommt zu Geschwindigkeitserhöhung bei gleicher Leistung. Die Höhe der Ersparnisse erreicht selbst bei niedrigen Ersparnisraten (<1%) bereits innerhalb eines Dockungsintervalls sechsstellige Beträge (in *US-$*). Weitere Kostenersparnisse ergeben sich aus der Reduzierung des Wartungsaufwands. Dazu gehören nicht nur die niedrigeren Materialkosten aufgrund der längeren Lebensdauer

---

[56] Der Austrittmechanismus der Silikonöle und deren Menge variiert offensichtlich von Hersteller zu Hersteller stark, was sich auch aus den unterschiedlichen Lebensdauern der Produkte erkennen läßt. Derzeit stehen keine näheren Angaben zur Verfügung.
[57] Angaben nach Auswertung von 66 Schiffen der *DATAPLAN*-Datenbank
[58] Unter Umständen kann nach erfolgter Spezifikation des Herstellers auf eine komplette Neuschicht verzichtet werden
[59] *ISO 14001* ist ein Umweltmanagementsystem, mit dem der Umweltschutz systematisch im Management verankert wird. Somit können bei allen täglichen Aufgaben und firmenpolitischen Entscheidungen die Umweltaspekte berücksichtigt werden. Managementprozesse und Organisationsstrukturen werden dabei in den Vordergrund gestellt.

Kapitel 5   *RANDBEDINGUNGEN der KOSTEN-NUTZEN-ANALYSE*
(Basic conditions for the cost-benefit calculation)

von Silikonanstrichen, sondern auch Kostenvorteile des geringeren Aufwandes bei der Außenhautreinigung und der Verkürzung der Dockungszeiten (Ersparnisse der Tagesdockgebühr) und damit gleichzeitig der Verlängerung der Betriebszeit des Schiffes (zusätzliche Charterraten auf Tagesbasis). Mit der Verwirklichung des Vorhabens für Schiffe mit Silikonunterwasseranstrichen die Betriebsintervalle zwischen den Trockendockungen von 60 auf 90 Monate zu verlängern [Kap.4.2.5.2] wäre ein direkter und leicht kalkulierbarer Vorteil in Erscheinung getreten. Indirekte finanzielle Vorteile, die aus umweltpolitischen Anlässen resultieren, wurden bereits in Kap. 5.2.1 erläutert.

Ein weiterer wichtiger finanzieller Aspekt für den Vercharterer könnte das Anbringen einer Silikonbeschichtung als Maßnahme gegen drohende und kostenintensive Geschwindigkeits-Garantieansprüche des Charterers sein. Dies bezieht sich auf eventuelle Forderungen, falls ein Schiff den vertraglich festgelegten Brennstoffbedarf bei gegebener Geschwindigkeit nicht einhalten kann. Bei Schiffen, die an der „Vertragsgrenze" operieren und der Charterer mit mehr Kosten rechnen muß, können Ansprüche aus Brennstoffverbrauchs-Garantieforderungen die Mehrkosten für eine Silikonbeschichtung um ein Vielfaches übersteigen. Ein rechtzeitiges Eingreifen des Vercharterers kann dazu beitragen, daß Konflikte dieser Art und der daraus folgende wirtschaftliche Schaden umgangen werden.

5.2.3 Finanzielle Zuständigkeiten der Chartervertrag-Parteien
(Financial responsibilities of contractual partners)

Der Eigner des Schiffes (**Vercharterer**) ist zuständig für den Betrieb des Schiffes. Das Personal inklusive Proviant, medizinische Versorgung und sämtliche mit dem Betrieb des Schiffes anfallenden Kosten (außer Brennstoff) gehören in einer *Period time charter* in einem Containerliniendienst ebenfalls zu den finanziellen Zuständigkeiten des Vercharterers. Darin sind Ausgaben für Schmieröl, Wartungs- und Reparaturarbeiten, Trockendocken inklusive Außenhautreinigung und Neuanstrich, Navigations- und Informationsmaterial, Kommunikation, Ausrüstungs- und Ersatzteile und deren Lieferungen zum Schiff sowie Agentenkosten und Kosten für Serviceleistungen enthalten. Versicherungen, Administration, Zertifizierung, Einhaltung der Gesetze und Richtlinien und die technische Organisation des Schiffbetriebes gehören ebenfalls zu den Aufgabenbereichen des Vercharterers. Klassifizierungsdockungen und andere vorhersehbare Maßnahmen, die den Betrieb des Schiffes einschränken oder einstellen, sind vertraglich geregelt und werden unter Ausbleiben der Charterrate ausgeführt. Notfallbedingte Außerdienststellungen (*off-hire*) werden als Verdienstausfälle verbucht. Je nach Situation müssen die Verantwortlichkeiten für Betriebsausfälle von Fall zu Fall festgestellt werden. Gegebenenfalls können sogar Schadensersatzansprüche des Charterers folgen. *Off-hire* die durch Ladungsumschlag verursacht wurde, geht zu lasten des Charterers; bei Maschinenschäden entfällt die Charterrate, ebenso hat der Vercharterer die Reparatur- und die Bunkerkosten aus dieser Zeit zu bezahlen. Grundberührungen und Kanalschäden, die durch ungenügendes Lotsen verursacht wurden, gehen weltweit (außer Panama) zu Lasten des Vercharterers, da Lotsen an Bord nur beratende Funktionen zugeteilt werden. Die alleinige Verantwortung für das Schiff liegt beim Kapitän, auch wenn dieser das Fahrtgebiet nicht kennt. Lediglich in Panamakanal übernimmt der Lotse bzw. die zuständige Behörde die Verantwortung für die durch mangelhafte Beratung verursachten Schäden. Somit werden bei Ausfällen die Reparatur-, Bunker- und Schmierölkosten sowie ausgefallene Charterraten in Panama auf die Kosten der Kanalbehörde. Teilweise können auch Forderungen des Charterers wegen Nichteinhaltung des Fahrplans beglichen werden. In *Abb.*62 werden die verschiedenen Gesamtkosten des Vercharterers und seine operativen Kosten am Beispiel eines 2825-*TEU*-Containerschiffes prozentual nebeneinander gestellt. Bei vier anderen Schiffen gleicher Klasse variiert die Kostenverteilung geringfügig.

Kapitel 5 RANDBEDINGUNGEN der KOSTEN-NUTZEN-ANALYSE
(Basic conditions for the cost-benefit calculation)

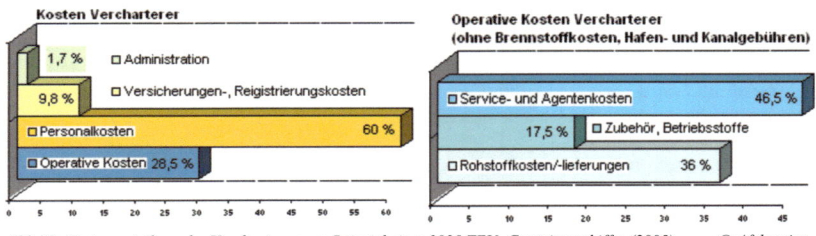

Abb.62: Kostenverteilung des Vercharterers am Beispiel eines 2825 TEU- Containerschiffes (2005) © Afeltowicz

Der Vermieter (**Charterer**) bestimmt die Route (Fahrplan), die gefahren wird, wobei diese auch kurzfristig (bis ca. eine Woche) geändert werden kann. Organisation des Fahrplans, des Ladungsumschlags, der Hafenstandzeiten etc. ist eine logistische Aufgabe, die alleine vom Charterer zu bewältigen ist. Kurzfristige Veränderungen im Fahrplan von bis zu 2 Tagen können ohne Vorankündigung an den Vercharterer durchgeführt werden.

Der Charterer trägt alleine die Brennstoffkosten, wobei die Obergrenze des Brennstoffbedarfs bei bestimmten Geschwindigkeiten vertraglich festgehalten ist und nicht überschritten werden soll. Weiterhin muß der Charterer Hafen-, Kanal-, Lotsen- und Überfahrtsgebühren zahlen sowie die Ladungsumschlagskosten tragen. Der Charterer muß sich auch an dem verloren gegangenen Laschmaterial beteiligen und für die beim Ladungsumschlag entstandenen Beschädigungen (*stevedore damages*) haften. Bezüglich des Kostenverhältnisses, überragen alleine die Brennstoffkosten des Charterers die Jahresgesamtkosten des Vercharterers um ein Vielfaches. Zweistellige Millionenbeträge für Brennstoff jährlich (in *US-$*) sind bei größeren Containerschiffen die Regel.

Mehrausgaben im sechsstelligen Bereich für die Applikation einer Silikonbeschichtung sollten nach betriebswirtschaftlichen Betrachtungen, im Hinblick auf zu erwartende Ersparnisse, ohne größere Überlegungen in Kauf genommen werden. Die nachhaltige Zurückhaltung der Charterer zur Übernahme dieser Mehrkosten für eine Silikonfarbe ist offensichtlich mit deren Unkenntnis über potentielle Ersparnisse mit einer Silikonbeschichtung zu begründen.

5.2.4 Problematik der Finanzierung einer Silikonbeschichtung
(Complex of problems for financing of silicone-based antifoulings)

Bezüglich der Erstapplikation einer Silikonbeschichtung ist festzuhalten, daß die Mehrkosten beim Neubau oder bei einer Dockung grundsätzlich vollständig vom Vercharterer finanziert werden. Solche Investition sollte, dem betriebswirtschaftlichen Prinzip nach, einen finanziellen und/oder spürbaren ökologischen Nutzen bringen. Durch die besonderen Eigenschaften von Silikonanstrichen tritt eine Reduzierung des Reibungswiderstandes und somit eine Reduzierung der Brennstoffkosten ein, so daß mit einem Rückfluß der investierten Mehrkosten und später mit einem Gewinn in Form von Brennstoffkostenersparnis zu rechnen ist. Die Brennstoffkosten werden allerdings vom Charterer getragen, so daß ein eventueller Kapitalrückfluß nicht in die investierende Hand zurückkommen wurde. Der Vercharterer würde zwar ein höherwertigeres Schiff besitzen, mit dem in der Zukunft möglicherweise bessere Charterverträge erreicht werden können, allerdings können die Investitionskosten zunächst nicht direkt ausgeglichen werden.

Eine weitere Schwierigkeit ist, daß Werften nur wenig bis keine Erfahrung über das Anbringen von Silikonfarben verfügen. Insbesondere die asiatischen Werften sind mit dem Know-how nicht vertraut und aus fertigungstechnischen Gründen nur über hohen Mehrkosten bereit besondere Wünsche des Kunden zu erfüllen. Dies hängt damit zusammen, daß in der, bei-

Kapitel 5   RANDBEDINGUNGEN der KOSTEN-NUTZEN-ANALYSE
(Basic conditions for the cost-benefit calculation)

spielsweise in Korea praktizierten, Massenproduktion (bis zu 4 Großcontainerschiffe monatlich) die Abläufe standardisiert und möglichst vereinfacht sein sollen. Auf den teilweise relativ kleinen Werftarealen werden vorgefertigte Sektionen oft aus mehreren Fertigungsliegenschaften angeliefert und zusammenmontiert. Sonderwünsche der Kunden beeinflussen in Augen der koreanischen Bauherren die sehr eng bemessenen und quasi automatisierten Prozeßabläufe beträchtlich und werden durch eine gezielte Preispolitik effektiv unterdrückt.
Die Finanzierungsproblematik verschärft sich noch mehr, da oft komplexe Finanzierungsmechanismen des Schiffes dahinter stehen. Das Schiff gehört oft nicht, oder nur zu einem geringen Teil dem Schiffsbetreiber, der meist nur als technischer Betreuer einer Beteiligungsgesellschaft agiert. Die Beteiligungsgesellschaft besteht aus privaten Kleinanlegern, die langfristig auf jährliche Gewinnausschüttung laut Katalog orientiert sind. Der Vercharterer tritt zwar als technischer Entscheidungsträger auf, darf jedoch bei Ausgaben über den vorgeschriebenen Etat (*budget*) nicht ohne die Bewilligung der Kapitalgesellschaft operieren. Für Mehrausgaben im sechsstelligen Bereich, ohne einen direkten Bezug zum Kapitalrückfluß, sind die technisch meist wenig eingeweihten Anteilseigner kaum zu überzeugen.
Der Charterer wird die laut Chartervertrag, ihm nicht zustehenden Kosten für eine neue Technologie kaum übernehmen wollen, solange ihm nicht ein eindeutiger finanzieller Vorteil in Aussicht gestellt wird. Dieser ist offensichtlich zu erwarten, allerdings ist diese Technologie so neu auf dem Markt, daß eventuelle Brennstoffkostenersparnisse aus der Praxis noch nicht allgemein anerkannt sind. Die wenigen Betreiber, die über praktische Erfahrungen verfügen und wirtschaftliche Auswertungen durchgeführt haben, halten sich aus Wettbewerbsvorteilen mit ihren Informationen sehr bedeckt. Die Angaben der Hersteller werden wiederum mit gesunder Skepsis betrachtet, da dem langfristig zu erwartenden finanziellen Vorteilen eine beträchtliche einmalige Investition gegenübersteht.

5.3 Randbedingungen der untersuchten Fälle
(Basic conditions for the researched examples)

In den vorliegenden Untersuchungen werden die Charakteristiken von Container-Liniendiensten in einer *Period-time-charter* über mehrere Jahre angenommen. Da eine Kosten-Nutzen-Rechnung meist nicht allgemein aufgestellt werden kann, muß in der Praxis von Fall zu Fall, mit jeweils geänderten Randbedingungen, kalkuliert werden. Diese können sowohl vorgegeben und fest (benetzte Oberfläche, Anfangs-Widerstandskoeffizient, Länge usw.), als auch veränderlich sein (Werftkosten, Materialkosten, Brennstoffpreise, Aktivität eines Schiffes, aktuelle Charterraten usw.). Um die Kosten-Nutzen-Analyse sichere Annahmen liefert wurden für die Profitberechnung sämtliche Preise, Kosten, Ersparnisraten etc. die ungünstigsten Fälle getroffen. So ist beispielsweise bei den Brennstoffpreisen der niedrigste Jahrespreis 2006 angenommen worden, der weit unter dem Jahresdurchschnittspreis liegt. Der Höchstpreis im Jahr 2006 für Schweröl lag sogar fast 50% über dem Kalkulationspreis in dieser Untersuchung. Weiterhin wurde mit moderaten Brennstoffersparnisraten kalkuliert, während Stimmen aus der Praxis inzwischen von höheren Einsparungen sprechen. Nicht zuletzt wurde aufgrund der Unkenntnis über zusätzliche Werftaufwandskosten bei Arbeiten mit Silikon, wie zum Beispiel das Abkleben des Schiffes mit Folie gegen Übersprühung mit Silikon, ein Mehrkostenzuschlag im fünfstelligen Bereich veranschlagt. In der Praxis werden jedoch bei den konventionellen Antifoulings diese aufwendigen Arbeiten ausgeführt. Bei allen weiteren Annahmen wie Farbpreise, Werftkosten, Ausfallzeiten etc. wurde stets mit Ausgaben kalkuliert die gegen die Profitabilität von Silikonbeschichtungen tendieren. Die aus dieser Untersuchung resultierenden finanziellen Vorteile beim Anwenden von Unterwasseranstrichen auf Silikonbasis dürften demnach die untere Grenze darstellen.
In folgenden Unterkapiteln werden die Kalkulationsgrundlagen definiert und kurz begründet.

Kapitel 5 RANDBEDINGUNGEN der KOSTEN-NUTZEN-ANALYSE
(Basic conditions for the cost-benefit calculation)

5.3.1 Charterdauer
(Period of charter)

Während bei Neubauten Charterverträge bis zu 10 Jahren (oft mit Option auf Verlängerung) nicht selten sind, kann das bei älteren Schiffen unterschiedlich ausfallen (zwischen einigen Monaten und mehreren Jahren). Bei den einzelnen Betrachtungen wird nicht explizit auf die verschiedenen Charterdauern eingegangen, da diese stark variieren und so errechneten Mittelwerte als Tendenzen wenig aussagekräftig erscheinen.

5.3.2 Dockungsintervalle und Touch-up-Rate
(Dry-dock intervals and rate of touch-up)

Die Betriebsintervalle zwischen zwei Dockungen betragen in der Regel bis zu 60 Monaten. Während bei *SPC*-Anstrichen eine Lebensdauer von 60 Monaten angenommen werden kann, muß bei erodierenden *CDP*-Anstrichen mit der, in den Datenblättern der Hersteller angegebene maximale Lebensdauer von 36 Monaten kalkuliert werden. Nach dieser Zeit muß bei einem *CDP*-Unterwasseranstrich mit einem verstärkten biologischen Bewuchs gerechnet werden. Bei Silikonbeschichtungen wird von einer Lebensdauer zwischen 10 und 25 Jahren ausgegangen. Diese Angaben der Hersteller variieren sehr stark, da zum einem die Zusammensetzung einer Silikonfarbe bei verschiedenen Produkten sehr unterschiedlich ausfällt, zum anderen basieren die Lebensdauerannahmen der Farbenhersteller zum Teil auf Erfahrungen aus anderen Gebieten. Die meisten silikonbasierte Unterwasseranstriche sind erst seit wenigen Jahren auf dem Markt und konnten in der Praxis bisher nicht ausreichend getestet werden. Bei Silikonfarben sind während einer Klassedockung die Außenhaut von Schleimbewuchs zu reinigen, lokale Reparaturstellen (*touch–up*) durchzuführen und es ist eine einzelne Oberschicht (*top-coat*) anzubringen. In den vorliegenden Untersuchungen wird sowohl von einem kompletten *Top-coat* für *FRC* nach 60 Monaten ausgegangen, wie auch nur von einer Verbesserung lokaler Stellen. Dabei ist anzumerken, daß die *Touch-up*-rate bei Silikonbeschichtungen um ca. 50% geringer ausfällt als bei konventionellen Antifoulings. Grund dafür ist, daß es bei *FRC* zu keiner „Ausbreitung" des Farbschadens (*cold-flow*) durch Erosion kommt. Die *Touch-up*-rate wird in den vorliegenden Untersuchungen pauschal mit 10%[60] für *CDP* und *SPC* und mit 5% für *FRC* gegenüber der Gesamtfläche angenommen.

5.3.3 Geschwindigkeiten und Brennstoffverbrach
(Speed and fuel oil consumption)

Die Untersuchungen sollen für eine große Bandbreite an Containerschiffen/Handelsschiffen aussagekräftige Hinweise liefern. Aus diesem Grund werden drei verschiedene Schiffsgrößen (2500-, 5700- und 7500-*TEU*-Containerschiffe) untersucht, um Größeneffekte (*economy of scale effect*) bei unterschiedlich ausfallenden Ersparnisraten erkennbar zu machen.

Als Geschwindigkeit und Brennstoffverbrauch bei bestimmter Garantiegeschwindigkeit werden Werte aus dem *Time-charter*-Vertrag angenommen, diese sind:

- 65 *t/d*   bei 20,5*kn*   für 2500-*TEU*-Schiff
- 228 *t/d*   bei 26,1*kn*   für 5700-*TEU*-Schiff
- 249 *t/d*   bei 25,2*kn*   für 7500-*TEU*-Schiff.

Dabei ist zu beachten, daß der Brennstoffverbrauch und die Geschwindigkeit in keinem linearen, sondern in einem Verhältnis höherer Ordnung zueinander stehen. Das Betreiben eines

---

[60] 10% *touch-up* entspricht dem groben Kalkulationswert bei der Planung einer Dockung ohne Kenntnis des tatsächlichen Schadensgrades.

Kapitel 5   RANDBEDINGUNGEN der KOSTEN-NUTZEN-ANALYSE
(Basic conditions for the cost-benefit calculation)

großen Schiffes mit niedrigeren Geschwindigkeiten kann in diesen, für die Maschine ungünstigen Betriebspunkten, hohe Brennstoffersparnisse zur Folge haben.
Die durchschnittlichen Geschwindigkeiten der Schiffe seit ihrer Indienststellung sind: 20*kn* für 2500er-Klasse, 23,5*kn* für 5700er-Klasse und 22,5*kn* für 7500er-Klasse, wobei diese stark von den Bedürfnissen des Fahrplans und der Forderungen des Charterers abhängen. Nach Angaben von MAN/B&W operieren weltweit ca.70% der 1000-2500 *TEU*-Schiffe im Bereich zw. 18-21*kn*, ca.90% der 2500-4000 *TEU*-Schiffe in Breichen zw. 20-24*kn*, ca.71% der 4000-6000 *TEU*-Schiffe mit Geschwindigkeiten zw. 23-25*kn* und größere Schiffe in Bereichen von 24-26*kn* [107]. Die ausgesuchten Referenzschiffe liegen somit im Trend der Statistik, wobei erwähnt werden muß, daß bei der 7500er-Klasse bei allen 5 Schiffen höhere Geschwindigkeiten möglich, jedoch im Moment nicht notwendig sind. Diese Schiffe operieren überwiegend unterhalb der vertraglich angenommenen Geschwindigkeiten mit darausfolgenden Brennstoffeinsparungen. Um einen Vergleich der Schiffsgrößen auf ihre Maschinenleistung/Kosten per *TEU* angeben zu können, müßte die Menge der transportierten Container (bei voller Zuladung) pro eine bestimmte Strecken- oder Zeiteinheit dem Brennstoffverbrauch gegenüber gestellt werden. Ein grober Einblick in eine solche Auswertung für große Containerschiffe (>6000*TEU*) liefert *Abb*.63 [107].

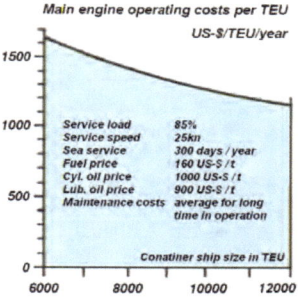

Abb.63: Maschinenbetriebskosten pro TEU pro Jahr nach MAN/B&W [107]

5.3.4   Aktivität
(Activity)

Die Aktivität in Tagen pro Jahr ist abhängig vom Fahrplan und kann vom Schiff zu Schiff unterschiedlich ausfallen. Da ein Vergleich der Referenzschiffesgrößen untereinander nur dann aussagekräftige Ergebnisse liefern kann, wenn die Randbedingungen ähnlich angenommen werden, wurde die Aktivität der Schiffe nicht nach Schiffsgrößen gemittelt, sondern für alle Schiffe als gleich angenommen. Für die vorliegenden Untersuchungen ist ein mittlerer, praxisnaher Wert von 275[61] Betriebstagen im Jahr an denen die Hauptmaschine arbeitet angenommen. Für die Falluntersuchungen der einzelnen Schiffe in der Praxis müssen die realen Werte für die Aktivität ermittelt werden.

5.3.5   Brennstoffpreis
(Price of fuel oil)

Der Brennstoffpreis ist für die Kalkulationen der volatilste Wert, da in der Praxis nicht nur tägliche Veränderungen die Regel sind, sondern auch der Ort des Bunkerns eine Rolle in der Preisgestaltung spielt. Auch hier muß für die praxisnahen Fallbetrachtungen der Brennstoffpreis genau abgeschätzt werden. Um mit zu hohen Brennstoffersparnisbeträgen nicht zu hohe Erwartungen zu wecken wird in den Kalkulationen mit dem niedrigsten Jahrespreis 2006 für Schweröl (*HFO*) gerechnet. Dieser wird mit 230,- *US-$/t* beziffert. Dieser Wert liegt weit unter der Jahresdurchschnittspreis von über 290,- *US-$/t*. Der höchste für Schweröl verlangte Jahrespreis lag in der ARA-Zone (Amsterdam-Rotterdam-Antwerpen) bei ca. 335,- *US-$/t* im Juni 2006.

---

[61] 275 Tage Aktivität/Jahr entspricht dem Mittelwert nach Auswertung der Betriebstage der Hauptmaschine von über 40 Containerschiffen in 12 unterschiedlichen Schiffsgrößen.

Kapitel 5 RANDBEDINGUNGEN der KOSTEN-NUTZEN-ANALYSE
(Basic conditions for the cost-benefit calculation)

5.3.6 Kosten für das Anbringen eines Antifoulinganstriches
(Costs for the application of antifouling)

Die relevanten Kalkulationen erfolgen anhand aktueller Tarife (November 2006):

5.3.6.1 *Dockungs-, Arbeits- und Werftkosten für die Oberflächenbehandlung*
(Costs of docking, labour- and shipyard costs for the preparation of the surface)

Preise für Dockung, Oberflächenbearbeitung und die Farbauftragspreise sowie Kosten für andere notwendigen Wartungs- und Reparaturarbeiten im Dock werden anhand der Preisliste einer chinesischen Vertragswerft der Reederei bestimmt. Einzelne Reparaturwerften weisen verschiedene Preisstrukturen vor und es wird zum Teil mit unterschiedlichen Methoden gearbeitet (z.b. Hochdruckwasserstrahlen (*hydroblasting*) statt Sandstrahlen (*gritblasting*)). Weiterhin müssen Standortnachteile durch die geographische Lage berücksichtigt werden, da von den großen Häfen (wo die Schiffe von Charterer frei gestellt werden) weit abgelegene Reparaturwerften manchmal bis zu 2 Tage langen Anfahrten notwendig machen. Dadurch fallen nicht nur hohe Bunkerkosten, sondern auch zusätzliche Erlösausfälle aus der Charterrate an. Das zur Verfügung stehende Fachpersonal ist dabei ein weiterer bedeutender Kostenfaktor. Gegebenenfalls müssen Spezialisten/Inspektoren mitgebracht werden, was zusätzliche Ausgaben in Form von Reise- und Unterbringungskosten verursacht. In *Tab.*7 sind die Hauptkostenfaktoren der chinesischen Reparaturwerft aufgelistet. Dabei werden kleinere Preisfaktoren, die im Zusammenhang mit einer Außenhautbehandlung anfallen, wie beispielsweise Strom- und Stromanschlußkosten (ca.0,4 $/kWh und ca.150$/Anschluß) oder Kosten für die Aufsicht und den Sicherheitsdienst (ca.50 $/ Mann/8 Stunden) nicht angegeben und fließen nicht in die folgenden Kalkulationen ein. Kosten für die Entsorgung der entstandenen Materialabfallmengen (Sandstrahlreste, verunreinigtes Wasser) werden aufgrund der schwer abzuschätzenden Mengen unberücksichtigt bleiben. Ebenso werden die Arbeitskosten zur Vereinfachung pauschal mit einem Standardpreis[62] kalkuliert, da eine genaue Quantifizierung von Mehrkosten für Sonderschichten nur einen geringen Einfluß auf den Gesamtbetrag haben würde, den Rahmen dieser Untersuchung jedoch unnötig sprengen würde. In der Praxis werden Überstunden vor und nach der Regelarbeitszeit, Sonntags-, Feiertags- und Nachtzuschläge erhoben. An einem gedockten, im Liniendienst befindlichen Containerschiff wird in der Regel rund um die Uhr gearbeitet. Zusätzliche Kosten, die mit einer Silikonapplikation verbunden sind, wurden anhand der Erfahrungswerte der Dockungsinspektoren mit einem Pauschalbetrag[63] beziffert. Zu solchen zusätzlich durchzuführenden Arbeiten gehört ein systematisches und aufwandintensives Abkleben von Flächen mit Folie als Schutz gegen Versprühungen von Silikonfarben (*Abb.*64-66), wobei auch bei Arbeiten mit *CDP* oder *SPC*-Anstrichen oft aufwandsintensiv mit Folie abgedeckt wird. Ein Mehrbedarf an Ausrüstung (Pumpen, Schläuche, Spritzdüsen etc.), die in einer Werft meist nicht zur Verfügung steht und explizit angeschafft werden muß fließt ebenfalls in die Zusatzkosten ein. Der Mehrbedarf an Ausrüstung liegt bei Faktor 3-4 gegenüber dem Ausrüstungsbedarf bei Arbeiten mit konventionellen Antifoulings. Diese Notwendigkeit resultiert daraus, daß für Applikation des Oberanstriches auf dem Silikonbinder (*tie-coat*) ein enges Zeitfenster von maximal 24 Stunden zur Verfügung steht, in dem die Arbeiten abgeschlossen werden müssen. Beim plötzlichen unvorhersebaren Wetterumschwung (starker Wind, Regen) kann es passieren, daß dieses Zeitfenster nicht eingehalten werden kann. Schlimmstenfalls müßte ei-

---

[62] Es wird versucht einen Teil dieser Mehrkosten unter „Zusätzliche Kosten -Pauschalbetrag" anhand der Erfahrungswerte der Reederei abzudecken (siehe auch Fußnote 64)
[63] Für 2500er zw. 25.000-50.000 US-$, für 5700er zw. 50.000-75.000 US-$, für 7500er zw. 65.000-90.000 US-$

Kapitel 5   *RANDBEDINGUNGEN der KOSTEN-NUTZEN-ANALYSE*
(Basic conditions for the cost-benefit calculation)

ne erneute *Tie-coat*-Schicht angebracht werden. Die Hersteller geben an, daß ein solches Szenario in der Praxis noch nicht vorgekommen bzw. nicht bekannt geworden ist.

Andere, normalerweise bei einer Dockung zu verrichtenden Arbeiten, die nicht direkt mit dem Anbringen eines Unterwasseranstriches zusammenhängen, werden in der Kostenkalkulation zu Applikationen von Antifoulingfarben unberücksichtigt bleiben.

PREISLISTE EINER CHINESISCHEN VERTRAGSWERFT		
Leistungen	in[US$]	
Kosten für 2 Tage der Dockungsprozedur (pauschal und unabhängig von Schiffsgröße)	14500,00	
Zusätzliche Tage (je Tag) (pauschal und unabhängig von Schiffsgröße)	3600,00	
Waschen mit Hochdruck 345 bar (5000psi)	0,30	[$/m²]
Waschen mit Niedrigdruck	0,15	[$/m²]
Reinigen per Hand (Schleifen, Entrüsten, Reinigen etc.)	1,00	[$/m²]
Sandstrahlen (Hochdruckwasserstrahlen nicht angeboten)		
Sa 1.0	6,00	[$/m²]
Sa 2.0	13,00	[$/m²]
Sa 2.5	14,00	[$/m²]
Anbringen von Farbe an Touch-up Stellen	0,35	[$/m²]
*für SPC-Farben +50% des Preises	0,53	[$/m²]
Anbringen von Farbe an der Gesamten Fläche (full coat)	0,28	[$/m²]
*für SPC-Farben +50% des Preises	0,42	[$/m²]

Tab.7: Preisliste einer chinesischen Vertragswerft für Außenhautbehandlung und Farbauftrag

Abb.64, 65, 66: Ein mit Plastikfolie abgedecktes Schiff an dem Silikonfarbe aufgetragen wird
Abb.67 (Bild rechts unten): Aufbau für eine Silikonapplikation angeschaffter Farbpumpen
© *Afeltowicz*

Kapitel 5   *RANDBEDINGUNGEN der KOSTEN-NUTZEN-ANALYSE*
(Basic conditions for the cost-benefit calculation)

5.3.6.2 Farb- und Materialkosten
(Costs of material and additional equipmment)

Preise für Farben und Material werden anhand der Angaben der Hersteller ermittelt. Für jedes der drei Produkte (*CDP, SPC, FRC*) ist eine Herstellerkalkulation bei einer Erstapplikation und bei einem Erneuerungsanstrich (lokale Reparaturstellen mit 5-10% angegeben[64]) für jeweils drei Schiffsgrößen (2500-, 5700- und 7500-*TEU*) durchgeführt worden. Um den Rahmen der Ausarbeitung nicht zu sprengen, werden in folgenden Untersuchungen nicht die Spezifikationen mehrerer Hersteller herangezogen, sondern die Auswertung erfolgt auf Basis der Preise für Produkte eines Farbherstellers, der preislich eine mittlere Stellung einnimmt. Die achtzehn einzelnen Spezifikationen beinhalten die Preise für (je nach Technologie) unterschiedliche Antikorrosiv- und Untergrundschichten, Erst-, Folge- und Oberschichten ggf. bestehend aus jeweils mehreren Teilkomponenten. Zusätzliche Kosten die auftreten können und nicht berücksichtigt werden, sind eventuelle Begutachtungsmaßnahmen des Herstellers, insbesondere beim Auftrag von Erneuerungsanstrichen auf Farben anderer Lieferanten. Bei solchen Inspektionen wird begutachtet in welchem Zustand sich die *Top-coat*-Schicht befindet, um Risiken und Gefahren zu definieren und eventuelle Garantieleistungen vertraglich festzuhalten. In der Regel fordern die Hersteller ein vollständiges Sandstrahlen von Farben anderer Hersteller, da erfahrungsgemäß oft Haftungsprobleme zwischen den einzelnen Schichten entstehen können. Beim Sandstrahlen (*gritblasting*) mit Oberflächengüte Sa.2 (Normeinheit der Sandstrahlgüte) liegen die Preise zw. 12-25 US-$/m². Ein Wechsel des Lieferanten sollte somit gut überlegt sein und vorzugsweise langfristig ausgelegt sein.

SCHIFFSGRÖßE / BENETZTE OBERFLÄCHE		2500 TEU	5700 TEU	7500 TEU
Neubauanstrich ohne Oberflächenbehandlung		7860 m²	12983 m²	15000 m²
CDP	(36 Monate)	95.300	160.500	185.600
SPC	(60 Monate)	244.000	410.000	475.200
FRC	(60 Monate)	312.800	515.600	596.900
Erneuerungsanstrich ohne OF-vorbehandlung				
CDP	(36 Monate)	50.550	86.600	100.300
SPC	(60 Monate)	131.100	220.550	258.350
FRC (full-coat)	(60 Monate)	160.100	264.450	305.500
FRC (5% touch-up)	(60 Monate)	15.700	25.500	29.800

Tab.8: Übersicht der Kosten eines Farbherstellers für Neubau- und Erneuerungsanstriche in US-$

5.3.6.3 Kosten des Betriebsausfalls eines Schiffes
(Costs for off-hire during docking)

Kosten für die Ausfallzeit (*off-hire*) des Schiffes im operativen Betrieb, für die keine Charterrate fällig wird, können pauschal anhand der aktuellen durchschnittlichen Charterraten angegeben werden (20.000 *US-$* für 2500-*TEU*, 30.000 *US-$* für 5700/7500-*TEU*)[65]. Diese Preise sind in dem schnellebigen Chartermarkt als sehr volatile Angaben zu betrachten und

---

[64] Die lokalen Reparaturstellen (*touch-up*) bewegen sich nach Erfahrungen der Reederei in einem Bereich von ca. 5% für den Flachboden, ca. 10% für die vertikalen Seiten und ca. 6-10% für die restliche Fläche der Seiten. Es wurde eine Spezifikation für eine pauschale *Touch-Up*-Rate von 10% angefordert. Nach Aussagen des Herstellers wurde diese für *FRC* auf 5% reduziert, da Beschädigungen bei Silikonbeschichtungen flächenbezogen geringer ausfallen als bei konventionellen Anstrichen. Nach Auswertung der Datenbank *DATAPLAN* beträgt die durchschnittliche Beschädigung der UW-Seiten bei Containerschiffen mit konventionellen Beschichtungen ca. 6% (Auswertung von 3200 Schiffen) und bei Silikonbeschichtungen ca. 3% (Auswertung von 66 Schiffen)
[65] Die Preise stellen die durchschnittlichen Charterraten nach dem aktuellen Niveau dar. Die Charterraten sind im allgemeinen sehr volatil und deshalb sind diese Angaben nicht als allgemein gültige Preise zu verstehen.

Kapitel 5   *RANDBEDINGUNGEN der KOSTEN-NUTZEN-ANALYSE*
(Basic conditions for the cost-benefit calculation)

sind nur als momentane Angaben (Stand: November 2006) als richtige Werte anzusehen. Wird die Dockungszeit eines Schiffes wegen der verkürzten Applikationszeit eines Antifoulings vermindert, ergeben sich weniger Erlösausfälle (~Gewinn) aus der täglichen Charterrate. Das gleiche gilt falls die Betriebsintervalle zwischen zwei Dockungen von 60 auf 90 verlängert würden [Kap.4.2.5.2]. Diese potentiellen Beträge fließen in die vorliegende Kosten-Nutzen-Analyse nicht ein, um erstens die Differenzierung nach den Materialpreisen und nach den Werftkosten nicht zu verzerren und zweitens, weil eine genaue Bennennung von möglicher Dockungszeitverkürzung anhand fehlender Erfahrungswerte nicht möglich ist. Nach Einschätzung der Dockungsinspektoren ist keine bzw. nur eine sehr geringe Dockungszeitverkürzung bei einer *FRC*-Applikation zu erwarten.

5.3.7 Theoretische Ersparnisrate beim Transport von weniger Materialgewicht
(Theoretical savings due to transport of less weight)

Um eine Transportleistung angeben zu können, bedient sich die Schiffahrt verschiedener Einheiten. Meist wird in Gewichts- (*kg* oder *t*), Volumen- (m^3 oder *BRT*) oder Stückguteinheiten (z.B. *TEU*) pro Entfernung (*km* oder *sm*) oder Zeit (*d* oder *y*) differenziert. Eine transportierte Gewichtseinheit (Ladung) pro Zeiteinheit oder Entfernungseinheit kann vom Charterer meist hinreichend genau monetär ausgedrückt werden. Eine Farbe (das Gewicht der Farbe) gehört zum Schiffskörper selbst,

SCHIFFSGRÖßE	2500 TEU	5700 TEU	7500 TEU
Neubauanstrich	7860 m^2	12983 m^2	15000 m^2
	in [kg]	in [kg]	in [kg]
SPC	13.205	21.811	25.200
FRC	4.979	8.225	9.503

Tab.9: Farbgewichte für SPC und FRC auf 3 Schiffsgrößen

und auch wenn das Farbgewicht von einigen Tonnen im Vergleich zum Gesamtgewicht eines Schiffes sehr klein ausfällt, so wird dieses Gewicht permanent transportiert und verursacht somit kontinuierlich Brennstoffmehrverbrauch. In *Tab.*9 sind die Farbgewichte für eine komplette Neubeschichtung eines Schiffes nach der relevanten Spezifikation eines Herstellers dargestellt [69]. Es ist deutlich zu erkennen, daß eine Silikonfarbe als kompletter Anstrich deutlich weniger wiegt als ein komplettes *SPC*-Antifouling. Bei großen Schiffen können sich so Unterschiede von mehreren Tonnen Mehrgewicht ergeben, die mittransportiert werden müssen. Welche Kosten ein solches Mehrgewicht verursacht, kann nicht eindeutig interpretiert werden, da es hier auf die subjektive Betrachtungsweise ankommt. Es müßte festgestellt werden, wie viel Gewicht über die gesamte Dauer von 5 Jahren (gegenüber *SPC*) im Mittelwert mitgetragen wird, da die erodierenden Beschichtungen sich abtragen und somit auch im Gewicht abnehmen, während Silikon weitgehend erhalten bleibt. Nach MAN/B&W [107] (*Abb.*63) verursacht ein Container (*TEU*) auf einem 7500-*TEU*-Schiff jährliche Maschinenbetriebskosten von ca. 1500,-*US-$*. Bei 16*t* Mehrgewicht wurde das mehr als ¾ des Maximalgewichts (21,5*t*) von einem Container entsprechen. Ein großer weltweit operierender Charterer beziffert die Kosten des Transports von Hamburg nach Hongkong in 22 Tagen (nur Schiffskosten ohne Umschlag, Zu- und Abtransport) von 16*t*-Gewicht mit ca. 320,-*US-$*. Diese geringen, allerdings existierenden, Kosten werden in den vorliegenden Untersuchungen ebenfalls unberücksichtigt bleiben.

5.3.8 Brennstoffersparnisrate gegenüber konventionellen Antifoulings
(Saving rate compared to conventional antifoulings)

Der Leistungsbedarf eines Schiffes und somit sein Brennstoffbedarf hängt von vielen verschiedenen Variablen ab. Einige dieser Faktoren, wie zum Beispiel Seegang, Wind, Strömungen und Eisgang sind naturbedingt und können nicht beeinflußt werden. Weitere

Kapitel 5   *RANDBEDINGUNGEN der KOSTEN-NUTZEN-ANALYSE*
(Basic conditions for the cost-benefit calculation)

Einflußfaktoren, wie die Geometrie des Schiffes (Länge, Breite, Tiefgang, benetzte Oberfläche, Form und Völligkeitsgrade) sind konstruktionsbedingt und variieren nur innerhalb vorgegebener Grenzen abhängig von Beladungszustand, Ballastwasser etc. Ebenfalls im Wesentlichen vorgegeben sind Größen wie Geschwindigkeit und der spezifische Brennstoffverbrauch der Maschine (*specific fuel oil consumption*). Nur einer der leistungsbestimmenden Faktoren eines Schiffes, nämlich die Beschaffenheit und Zustand der Außenhaut, kann durch eine wirtschaftlich sinnvolle Wahl des Anstriches und durch Wartungsmaßnahmen wie eine Unterwasserreinigung oder eine Trockendockung mit Außenhautreinigung korrigiert und verbessert werden. Angesichts der Tatsache, daß die vom Brennstoffverbrauch abhängigen Treibstoffkosten über 60% der Gesamtkosten verursachen können, ist diese Einflußgröße bei heutigen Brennstoffpreisen von größter wirtschaftlicher Bedeutung. Der durch die Rauhigkeit der Außenhaut verursachte Reibungswiderstand kann bis zu 80% des Gesamtwiderstandes ausmachen. Der Reibungswiderstand ist allerdings auch bei absolut glatten Oberflächen vorhanden. Naturgemäß kann nur der Widerstandanteil beeinflußt werden, der über den Minimalreibungswiderstand der hydrodynamisch glatten Oberfläche hinausgeht, der so genannte Rauhigkeitszusatzwiderstand (*additional frictional resistance*). Dieser Zusatzwiderstand kann, wie Beobachtungen von Lackenby [75] an Schwesterschiffen gezeigt haben, immer noch 20% des gesamten Leistungsbedarfs ausmachen. Die Angaben zur Reduzierung des Gesamtleistungsbedarfs aufgrund der Minimierung des Rauhigkeitszusatzwiderstands bei Silikonbeschichtungen variieren von Hersteller zu Hersteller und auch die Erfahrungen der Reedereien liefern unterschiedliche Ergebnisse. In *Abb.*68 sind grob die Leistungs-/Brennstoffbedarfskurven nach Anderson [66], basierend nach der Auswertung der *DATAPLAN*-Datenbank, für verschiedene Farbsysteme dargestellt. Eine große deutsche Reederei kalkuliert in ihren Prognosen mit 2,5% Brennstoffersparnis gegenüber *CDP*-Beschichtungen, wobei diese Annahme auf der sicheren Seite liegen soll. Bei Plattenversuchen des Bundesamtes für Wehrtechnik und Beschaffung (WDT71) mit Silikon- und mit einer konventionellen *CDP*-Beschichtung wurde ein Leistungsunterschied von 4,6% festgestellt [85]. Candries [89] und Atlar [103] stellten in den Plattenversuchen ebenfalls eine Abnahme des Reibungswiderstandes bei *FRC*- gegenüber *SPC*-Beschichtungen fest. Klassische Schätzungen von Lackenby [75] und Rinvoll [76] gehen bei einer Rauhigkeitszunahme von 10μm gegenüber dem neu gebauten Schiff von 1% Leistungsmehrbedarf aus. Rinvoll gibt eine Grenze (230μm) an, ab der ein Mehrbedarf auf 0,5% pro10μm *AHR*-Zunahme zu erwarten ist. Eliasson [1] geht allgemein von einer Steigerung des Brennstoffbedarfs von 1% pro 100μm (0.1mm) Rauhigkeitserhöhung aus, wobei hierbei auch der biologische Makrobewuchs beachtet wird. Die Angaben der Hersteller variieren stark und reichen von 1-4.5% weniger Brennstoffbedarf bei *FRC* gegenüber *CDP*, und zwischen 0-3% gegenüber *SPC*. Ersten Beobachtungen einer deutschen Reederei zufolge wurden Ersparnisraten von bis zu 7% gegenüber *CDP* und bis zu 4% bei *SPC* festgestellt.

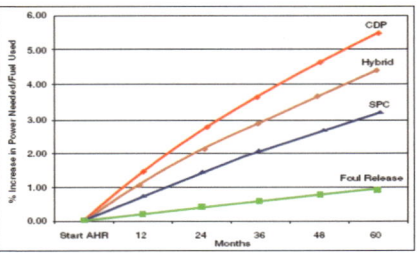

Abb.68: Leistungsmehrbedarfskurven für schnelle Containerlinienschiffe in Abhängigkeit von der physikalischen Rauhigkeitszunahme (nach Anderson) [66]

Die Schätzungen der Kosten aus der Brennstoffersparnisse werden anhand einiger ausgesuchter und an entsprechenden Stellen explizit genannter Werte aus *Tab.*10 aufgeführt. Dabei ist zu beachten, daß bei Angaben der Hersteller, der Reedereien und den von Nygren sämtliche Zu- und Abschläge inbegriffen sind, während bei den Referenzschiffen und bei Eliasson nur die Leistungsverluste aufgrund des Rauhigkeitszuwachses

Kapitel 5 RANDBEDINGUNGEN der KOSTEN-NUTZEN-ANALYSE
(Basic conditions for the cost-benefit calculation)

aufgelistet sind. Die Zuschläge für Leistungsverluste durch höhere Anfangsrauhigkeit gegenüber *FRC* (für *SPC* ein Zuschlag von 1,03% und für *CDP* 1,93%, bei einer Anfangsrauhigkeit *AHR* von 100μm bei *FRC*, 120μm bei *SPC* und 150μm bei *CDP*) sind exklusive und deshalb dazuzurechnen. Widerstandszuwächse aufgrund des Auftretens von Schleim sind möglich, allerdings nicht ausreichend untersucht und explizit erfaßt. Es wird teilweise sogar angenommen, daß Schleim ähnlich wie bei Fischen oder Delphinen widerstandsreduzierend wirken kann [72, 73]. Insbesondere bei Silikonbeschichtungen, da diese an sich, ähnlich der Delphinhaut [55] (*Abb.*69) [111], weich und elastisch sind, werden solche Effekte

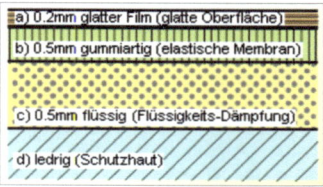

Abb.69: *Aufbau einer Delphinhaut [111]*
© I.Rechenberg, Technische Universität Berlin

vermutet. Townsin [104] rechnet mit einer möglichen Widerstandsreduzierung bei Schleim auf *FRC* und erwartet in näherer Zukunft wissenschaftliche Untersuchungen zu diesem Thema. Candries [94] geht von sehr kleinen Widerstandszunahmen aus. Anderson [67] beaufschlagt diesen Effekt mit 1-2% Leistungsmehrbedarf. Da der Schleim sowohl auf Silikonbeschichtungen als auch bei erodierenden Antifoulings auftritt, wird in dieser Untersuchung von ähnlichen Effekten bei allen Antifoulingtechnologien ausgegangen.

Nach Aussagen eines für Dockungen verantwortlichen Inspektors einer großen deutschen Reederei (ca. 10-12 Dockungen/Jahr) tritt der Schleimbewuchs auf *SPC*-Systemen in einem hohen Grad auf. Dieser scheint nach Vergleichen der Außenhaut (*SPC*) und des Ruderblatts (*FRC*) auf *SPC* stärker ausgeprägt zu sein. Jedoch darf nicht übersehen werden, daß am Ruderblatt höhere Anströmgeschwindigkeiten herrschen als an den Seiten der Außenhaut eines Schiffes und somit die Ablösung leichter stattfinden kann.

Quelle	Brennstoffersparnis von FRC in [%]			BEMERKUNGEN
	FRC	SPC (5J.)	CDP (3J.)	
Hersteller1	---	1-3	3-4.5	
Hersteller2	---	0.4-1	1-2	
Hersteller3	---	0.0-1.5	1.5-2	
Hersteller4	---	k.A	k.A	Brennstoffersparnis definitiv zu erwarten, allerdings konnte/ wollte der Hersteller keine Angaben machen
Reederei 1	---	1-2.5	2.5	Erfahrungswerte einer großen Reederei mit denen kalkuliert wird.
Reederei 2	---	ca.1.5	ca.1.5	Erfahrungswerte einer großen Reederei die (näherungsweise) beobachtet wurden.
Reederei 3 Nygren	---	ca.6 % *	ca.6 % **	* nach 5 Jahren mit Anfangsrauhigkeit AHR = 120μm ** nach 3 Jahren mit Anfangsrauhigkeit AHR =150μm
WTD71	---	---	4.6 %	
Eliasson	---	0.66 % ***	1.33 % ***	*** Eliasson geht von Zunahme des Brennstoffsbedarfs von 1% pro 100μm Rauhigkeitszunahme
Townsin Referenzschiffe 2500-,5700-, 7500- TEU	0.43* 0.70**	2.2³	2.33⁴	nach *3 und **5 Jahren mit Anfangs AHR von 100μm, ³ Anfangs AHR 125μm, nach 5 Jahren ⁴ Anfangs AHR 150μm, nach 3 Jahren
Anfangs-AHR Zuschlag	---	1,03%	1,93%	Die Zuschläge (berechnet nach Townsin) beziehen sich auf Reibungsverluste aufgrund höherer Anfangsrauhigkeit (FRC 100μm, SPC 120μm, CDP 150μm).

Tab.10: Übersicht über die Angaben verschiedener Quellen über den Leistungs-/Brennstoffmehrbedarf auf Schiffen mit CDP- und SPC-Antifoulings gegenüber Schiffen mit FRC-Beschichtungen

Kapitel 5   RANDBEDINGUNGEN der KOSTEN-NUTZEN-ANALYSE
(Basic conditions for the cost-benefit calculation)

Nach den Berechnungsmethoden von Townsin (*Tab*.10) ergibt sich ein Vorteil von *FRC* im Leistungsbedarf gegenüber *CDP* (36 Monate) von durchschnittlich ca. 3,8%, und gegenüber *SPC* (60 Monate) von durchschnittlich ca. 2,5%. Diese Werte stimmen zweckentsprechend mit den recherchierten Angaben überein, so daß folgende Brennstoffersparnisraten für eine Betrachtung der Wirtschaftlichkeit als äquivalent erscheinen und für weitere Kalkulationen festgelegt werden:

✓ **bei *SPC*** ein Leistungs-/Brennstoffmehrbedarf (gegenüber *FRC*) von:

- 0,5 %
- 1,0 %
- 2,0 %

✓ **bei *CDP*** (auf 36 Monate) ein Leistungs-/Brennstoffmehrbedarf (gegenüber *FRC*) von:

- 2,5 %

Für weitere Fälle, bei denen mit höheren Brennstoffersparnisraten kalkuliert werden muß, sind die Beträge linear mit den bereits vorhandenen Werten zu extrapolieren.
CDP-Beschichtungen, mit ihrer Lebensdauer von maximal 36 Monaten und ihrer mäßigen Performance, entsprechen nicht der Philosophie der modernen Containerlinienschiffahrt. Aus den Recherchen ist hervorgegangen, daß eine Umstellung von *CDP*- auf *SPC*-Systeme (bzw. teilweise auf *FRC*-Systeme) bei großen Reedereien der Containerschiffahrt bereits vollständig vollzogen ist bzw. in Planung ist. Bei weiteren Betrachtungen wird ein Vergleich zu konventionellen, ablativen Anstrichen (*CDP*) aufgestellt, allerdings mit dem Hintergedanken, daß diese Systeme in der Zukunft überwiegend für andere Schiffstypen vorgesehen sind.

Im folgenden Kapitel werden die Kosten und Nutzen einer Silikonbeschichtung unter verschiedenen Aspekten berechnet und gegenübergestellt. Dabei soll den beteiligten Parteien ein grober Überblick über die potentiellen Ausgaben und eventuelle Einnahmen unter den genannten Bedingungen angeboten werden. Diese Ausführungen sollen in einem Vertragsverhältnis Vercharterer-Charterer helfen eine Handlungsrichtung für oder gegen die Silikontechnologie einzunehmen.

Kapitel 6   KOSTEN-NUTZEN-ANALYSE
(Cost-benefit calculation)

6. Ergebnisse der Kosten-Nutzen-Betrachtungen
(Results of the cost-benefit calculation)

6.1 Kosten der Anbringung einer Außenhautbeschichtung
(Costs for the application of antifouling)

Für die Kalkulationen werden drei Fälle mit den relevanten Kosten für die Applikation einer Außenhautbeschichtung berechnet. Eine komplette Kosten-Nutzen-Analyse erfolgt nur für die Vergleiche der *SPC*- mit *FRC*-Technologie, da diese Betrachtungsweise praxisrelevanter erscheint. Bei einer Kalkulation mit *CDP*-Systemen ist zu beachten, daß alle Angaben sich auf eine *CDP*-Lebensdauer von 36 Monaten beziehen. Um einen Vergleich mit *SPC* oder *FRC* aufstellen zu können, müssen die Material- und Werftkosten für *CDP* um einen Faktor 1,66 erhöht werden, wie dies in den Graphiken dargestellt wurde. Für folgende drei Fälle werden genaue Kosten-Nutzen-Kalkulationen aufgestellt:

- ✓ Neusystem auf einem Neubau[*]
- ✓ Erneuerung des bestehenden Systems
- ✓ Umstellung des bestehenden Systems auf eine Silikonbeschichtung

6.1.1 Kosten für ein Neusystem
(Costs for a newbuilding system)

Die tatsächlichen Kosten für ein Farbsystem auf einem Neubau können nicht eindeutig benannt werden, da diese Auslagen in den Neubaugesamtkosten nicht explizit differenziert bzw. nicht offengelegt werden. Um einen Vergleich zu ermöglichen, wird eine fiktive Annahme getroffen, daß das Schiff fertig gebaut und unbeschichtet von einer Reparaturwerft, in einem Dock, mit einer Außenhautbeschichtung versehen wird. Die Auflistung der Preise für entsprechende Arbeiten befindet sich in *Tab.*11. Mit „Zusatzkosten für Mehraufwand bei *FRC*" sind folgende Extrakosten gemeint:

- · Abkleben mit Folie und Sichern des gesamten Umfelds gegen Übersprühen
- · Materialmehrkosten (Pumpen, Schläuche, Düsen, Personal)
- · Besondere Maßnahmen zur Sauberherhaltung der Umgebung, Dockreinigung

komplettes Neusystem (Neubau)	2500er	7860 m²		5700er	12983 m²		7500er	15000 m²	
(Alle Preise in US-$)	CDP	SPC	FRC	CDP	SPC	FRC	CDP	SPC	FRC
Kosten für 2 Tage inkl Ein- und Ausdocken [14500$]	14.500	14.500	14.500	14.500	14.500	14.500	14.500	14.500	14.500
Anzahl der zusätzlichen Tage im Dock	7	8	7	8	9	8	8	9	8
Kosten für zusätzliche Tage [3600$/Tag]	25.200	28.800	25.200	28.800	32.400	28.800	28.800	32.400	28.800
Waschen mit Hochdruck 345 bar [0,3$/m²]	2.358	2.358	2.358	3.895	3.895	3.895	4.500	4.500	4.500
Anzahl der Farbschichten**	5,00	6,56	4,00	5,00	6,65	4,00	5,00	6,67	4,00
m² die zu applizieren sind (mehrere Schichten)	39.300	51.562	31.440	64.915	86.337	51.932	75.000	100.050	60.000
Full-coat [0,28 $/m²]	11.004		8.803	18.176		14.541	21.000		16.800
Full-coat für SPC (+50%) [0,42 $/m²]		21.656			36.262			42.021	
Zusatzkosten für Mehraufwand bei FRC			25.000			50.000			65.000
Werft- und Arbeitskosten Neusystem (Neubau)	53.062	67.314	75.861	65.371	87.057	111.736	68.800	93.421	129.600
Materialkosten Neusystem (Neubau)	95.300	244.000	312.800	160.500	410.000	515.600	185.600	475.200	596.900
Gesamtkosten Neusystem:	148.362	311.314	388.661	225.871	497.057	627.336	254.400	568.621	726.500

Tab.11: Preise für ein Farbneusystem für drei Systeme (CDP, SPC, FRC) und drei Schiffsgrößen (2500-,5700-,7500-TEU). ** Beim SPC sind unterschiedlich viele Schichten (Top-coat) auf dem Flachboden und auf den Seiten anzubringen. Der genannte Wert entspricht dem gemittelten Wert aus dem Verhältnis die Flächen und der Schichtenanzahl

---

[*] Exakte Kosten für die Neuapplikation auf einem Neubau sind nicht bekannt. Um einen Vergleich zu ermöglichen, wird eine fiktive Annahme getroffen, daß ein Neubauschiff fertig gebaut und unbeschichtet in einer Reparaturwerft mit einem Farbneusystem versehen wird.

Kapitel 6 *KOSTEN-NUTZEN-ANALYSE*
(Cost-benefit calculation)

*Abb.*70, 71, 72 stellen die Auswertungen aus *Tab.*11 graphisch dar:

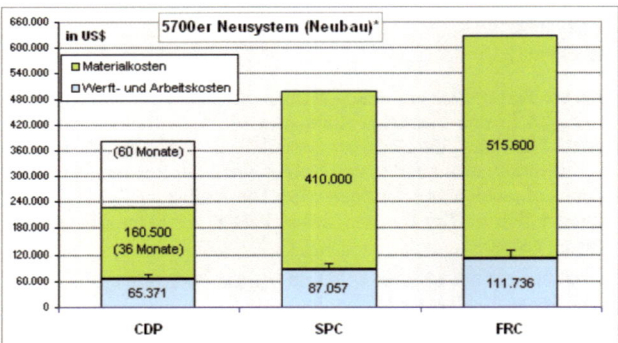

Abb.70: Kostenvergleich von drei Technologien (CDP, SPC, FRC) für die Applikation als Neusystem auf einem 2500-TEU-Neubau*

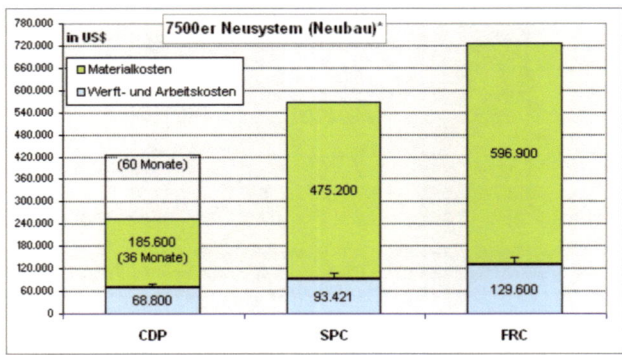

Abb.71: Kostenvergleich von drei Technologien (CDP, SPC, FRC) für die Applikation als Neusystem auf einem 5700-TEU-Neubau*

Abb.72: Kostenvergleich von drei Technologien (CDP, SPC, FRC) für die Applikation als Neusystem auf einem 7500-TEU-Neubau*

Kapitel 6 *KOSTEN-NUTZEN-ANALYSE*
(Cost-benefit calculation)

6.1.2 Kosten für die Erneuerung des bestehenden Systems
(Costs of a renewal of an existing system)

In der Kostentabelle für die Erneuerung des bestehenden Systems sind Beträge für Ausgaben für den Fall aufgelistet, falls das Schiff nach der Lebensdauer des Anstriches (bzw. bei der Klassedockung) mit einem gleichen System erneut versiegelt wird. Darin sind Arbeiten für Reparaturstellen (*touch-up, TU*) separat aufgelistet worden, um die Kosten für eine mögliche Erneuerung der Silikonbeschichtung ohne einer kompletten Oberbeschichtung (nur *Touch-up*) sichtbar zu machen. In den Spezifikationen der Hersteller wird explizit aufgeführt, daß Erneuerungen bei Silikonsystemen erst mit dem *Touch-up* und einem kompletten Oberanstrich (*top-coat*) vollwertig sind. Nach einer Inspektion durch den Hersteller kann, unter Umständen, auf den vollen *Top-coat* verzichtet werden. Mit der Option die Systemerneuerung nur mit dem *Touch-up* zu vollenden, würde für jede Silikonapplikation bereits nach dem ersten Erneuerungsanstrich ein Kapitalrückfluß folgen. Ein deutlicher finanzieller Nutzen resultiert alleine durch Minimierung der Materialkosten. Nach Umfragen sind die Eigner/Reeder noch sehr skeptisch und würden es, trotz der höheren Kosten, stets vorziehen eine Systemerneuerung inklusive vollständigen Oberbeschichtung durchzuführen. Sollte sich in der Zukunft aus der Praxis herausstellen, daß diese Erneuerungsoption zu keinen Nachteilen führt, konnte die Entscheidung für die Finanzierung einer Silikonbeschichtung leichter getroffen werden. Die Auslagen für diese günstigere Erneuerungsoption bei Silikonanstrichen sind in *Tab.*12 separat aufgelistet und in den Graphiken gesondert dargestellt.

Die Ersparnisse aus einem eventuellen Kapitalrückfluß aus der Charterrate, falls das Schiff bei bestimmten Systemen eine kürzere Zeit im Dock verweilen sollte sind denkbar, allerdings nicht in den Betrachtungen einkalkuliert. Um die Material-, Werft- und Arbeitskosten nicht zu verzerren, wurde darauf verzichtet, die ohnehin schwer definierbaren Beträge für Mehreinnahme durch weniger Erlösausfälle in die Kalkulation aufzunehmen. Aus Erfahrungen früherer Dockungen gehen die Reedereien von nur sehr geringer Verkürzung der Dockzeit bei Arbeiten mit Silikon aus.

Erneuerungsanstrich des bestehenden Systems	2500er	7860 m²		5700er	12983 m²		7500er	15000 m²	
Touch-up (TU) + Full-coat (FU) (Alle Preise in US-$)	CDP	SPC	FRC	CDP	SPC	FRC	CDP	SPC	FRC
Kosten für 2 Tage inkl Ein- und Ausdocken [14500$]	14.500	14.500	14.500	14.500	14.500	14.500	14.500	14.500	14.500
Anzahl der zusätzlichen Tage im Dock	7	8	7	8	9	8	8	9	8
Kosten für zusätzliche Tage [3600$/Tag]	25.200	28.800	25.200	28.800	32.400	28.800	28.800	32.400	28.800
Waschen mit Hochdruck 345 bar [0,3$/m²]	2.358	2.358	2.358	3.895	3.895	3.895	4.500	4.500	4.500
TU m² die zu Sandstrahlen sind (CDP,SPC 10%, FRC 5%)	786	786	393	1.298	1.298	649	1.500	1.500	750
TU Sandstrahlen [13$/m²]	10.218	10.218	5.109	16.878	16.878	8.439	19.500	19.500	9.750
TU Anzahl der Schichten	4	4	3	4	4	3	4	4	3
TU m² die zu applizieren sind (Gesamt m² aller Schichten)	3.144	3.144	1.179	5.193	5.193	1.947	6.000	6.000	2.250
TU Applikationskosten [0,35$/m²]	1.100		413	1.818		682	2.100		788
TU Applikationskosten für SPC (+50%) [0,53$7m²]		1.666			2.752			3.180	
TU Werft- und Arbeitskosten Erneuerungssystem	53.376	57.542	47.580	65.891	70.425	56.316	69.400	74.080	58.338
TU Materialkosten Erneuerung	2.965	8.104	8.040	6.995	13.204	13.279	8.082	15.228	15.344
Gesamtkosten für Touch-up bei Erneuerung:	56.341	65.646	55.620	72.886	83.629	69.595	77.482	89.308	73.682
FC Anzahl der Schichten*	2	2,56	1	2	2,65	1	2	2,67	1
FC m² die zu applizieren sind (Gesamt m² aller Schichten)	15.720	20.122	7.860	25.966	34.405	12.983	30.000	40.050	15.000
FC Applikationskosten [0,28$/m²]	4.402		2.201	7.270		3.635	8.400		4.200
FC Applikationskosten für SPC (+50%) [0,42$/m²]		8.451			14.450			16.821	
FC Zusatzkosten für Mehraufwand bei FRC			25.000			50.000			65.000
FC Arbeitskosten Erneuerungssystem	4.402	8.451	27.201	7.270	14.450	53.635	8.400	16.821	69.200
FC Materialkosten Erneuerung	47.297	122.805	152.054	79.650	207.219	251.160	92.262	240.094	290.179
Gesamtkosten für Full-coat bei Erneuerung:	51.699	131.256	179.255	86.920	221.669	304.795	100.662	256.915	359.379
Gesamtkosten Erneuerung des Systems:	108.040	196.902	234.874	159.806	305.298	374.390	178.144	346.223	433.061

Tab.12: Preise für die Erneuerung des bestehenden Systems für drei Systeme (CDP, SPC, FRC) und drei Schiffsgrößen.
* *Beim SPC sind unterschiedlich viele Schichten (Top-Chat) auf dem Flachboden und Seiten aufzubringen. Der Wert entspricht dem gemittelten Wert in Abhängigkeit in welchen Verhältnis die Flächen zueinander stehen*

Kapitel 6 *KOSTEN-NUTZEN-ANALYSE*
(Cost-benefit calculation)

*Abb.*73, 74, 75 stellen die Auswertungen aus *Tab.*12 graphisch dar:

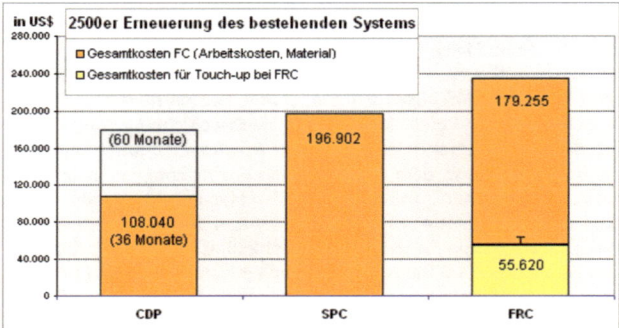

Abb.73: Kostenvergleich für die Erneuerung des bestehenden Systems auf einem 2500-TEU-Schiff

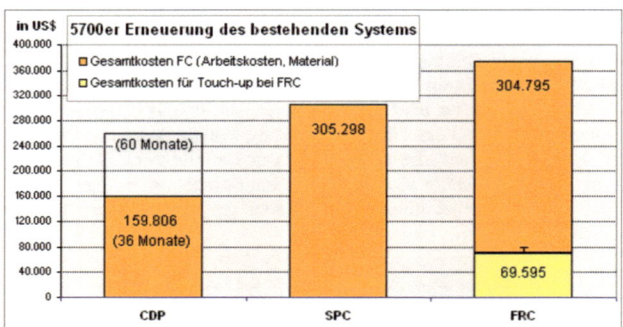

Abb.74: Kostenvergleich für die Erneuerung des bestehenden Systems auf einem 5700-TEU-Schiff

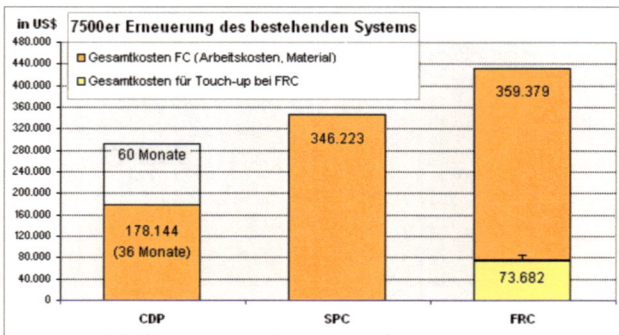

Abb.75: Kostenvergleich für die Erneuerung des bestehenden Systems auf einem 7500-TEU-Schiff

6.1.3 Kosten der Umstellung eines *CDP/SPC*-Systems auf *FRC*-Technologie
(Costs for changeover from CDP/SPC to FRC-Technology)

Die Kosten der Umstellung eines bestehenden erodierenden Systems auf die Silikontechnologie sind für die Praxis vom besonderen Interesse. Dabei kann zwischen zwei Varianten unterschieden werden:

- Applikation von *FRC* nach einem kompletten Sandstrahlen der alten *CDP/SPC*-Schicht
- Applikation von *FRC* ohne Sandstrahlen, jedoch mit Versiegeln der alten *SPC*-Schicht

Einige Hersteller behaupten eine Silikonbeschichtung auftragen zu können, ohne die Außenhaut vorher abgestrahlt, sondern lediglich mit Hochdruck ausgewaschen zu haben. Dies ist technisch möglicherweise machbar, allerdings stellt sich hier die Frage, inwiefern die Rauhigkeit einer nicht abgestrahlten *SPC*-Restbeschichtung einen Einfluß auf die physikalische Rauhigkeit der darauf liegenden Silikonbeschichtungen (*tie-coat* und *top-coat*) haben kann. Die Farbenhersteller versprechen keine nachteilig negativen Effekte oder höhere Rauhigkeiten beim Anbringen von Silikonanstrichen auf einigen *SPC*-Beschichtungen, sofern ein Sandstrahlen nach der Begutachtung durch den Hersteller als nicht notwendig erschien.

Wie in *Tab.*13 ersichtlich, liegen die Kosten für das Sandstrahlen für alle Schiffsgrößen im fünfstelligen Bereich, so daß diese Mehrkosten einen bedeutenden Einfluß auf die Wirtschaftlichkeit einer Umstellung der Außenhautbeschichtung haben. Für eine Systemerneuerung von *CDP* auf eine höherwertige Technologie ist Sandstrahlen unbedingt erforderlich. Eine *CDP*-Erneuerung ohne Sandstrahlen wurde die physikalische Rauhigkeit zusätzlich um ca. 40-80 μm erhöhen, was wirtschaftlich sinnlos wäre.

In *Tab.*13 sind einige Angaben (Anzahl der Tage für das Sandstrahlen, Sandstrahlengüte) zu finden, die auf Erfahrungen der Reedereien und der Hersteller basieren. Wie in der Tabelle leicht erkennbar, sind die Mehrkosten für eine Systemumstellung im Allgemeinen erheblich.

Umstellung des Systems	2500er 7860 m² Umstellung von...			5700er 12983 m² Umstellung von...			7500er 15000 m² Umstellung von...		
(Alle Preise in US-$)	CDP zu FRC	SPC zu FRC	SPC zu FRC	CDP zu FRC	SPC zu FRC	SPC zu FRC	CDP zu FRC	SPC zu FRC	SPC zu FRC
Touch-up (TU) + Full-coat (FU)	m. Sandstrahlen	m. Sandstrahlen	o. Sandstrahlen	m. Sandstrahlen	m. Sandstrahlen	o. Sandstrahlen	m. Sandstrahlen	m. Sandstrahlen	o. Sandstrahlen
Kosten für 2 Tage inkl Ein- und Ausdocken [14500$]	14.500	14.500	14.500	14.500	14.500	14.500	14.500	14.500	14.500
Anzahl der zusätzlichen Tage in Dock (ohne Sa.)	7	7	7	8	8	8	8	8	8
Anzahl der zusätzl. Tage nur für Sanstrahlen (Sa.)	3	3	1	3,5	3,5	1	4	4	1
Kosten für zusätzliche Tage [3600$/Tag]	36.000	36.000	28.800	41.400	41.400	32.400	43.200	43.200	32.400
Waschen mit Hochdruck 345 bar [0,3$/m²]	---	---	2.358	---	---	3.895	---	---	4.500
FC Sandstrahlen mit Sa 2.0 [13US/m²]	102.180	102.180	---	168.779	168.779	---	195.000	195.000	---
TU m² die zu Sandstrahlen sind (SPC 10%)	---	---	786	---	---	1.298	---	---	1.500
TU Sandstrahlen [13$/m²]	---	---	10.218	---	---	16.878	---	---	19.500
TU Kosten der Schichten	---	---	4	---	---	4	---	---	4
TU m² die zu applizieren sind (Gesamt m² aller Schichten)	---	---	3.144	---	---	5.193	---	---	6.000
TU Applikationskosten [0,35$/m²]	---	---	1.100	---	---	1.818	---	---	2.100
TU Materialkosten	---	---	4.234	---	---	6.995	---	---	8.082
FC Anzahl der Farbschichten	4	4	2	4	4	2	4	4	2
FC m² die zu applizieren sind (mehrere Schichten)	31.440	31.440	15.720	51.932	51.932	25.966	60.000	60.000	30.000
FC Applikationskosten [0,28 $/m²]	8.803	8.803	4.402	14.541	14.541	7.270	16.800	16.800	8.400
Zusatzkosten für Mehraufwand bei FRC***	---	---	25.000	---	---	50.000	---	---	65.000
Werft- und Arbeitskosten Umstellung auf FRC	161.483	161.483	90.612	239.220	239.220	133.756	269.500	269.500	154.482
Materialkosten Umstellung auf FRC	312.848	312.848	280.097	516.759	516.759	462.663	597.040	597.040	534.540
Gesamtkosten Umstellung auf FRC:	**474.331**	**474.331**	**370.709**	**755.979**	**755.979**	**596.419**	**866.540**	**866.540**	**689.022**

Tab.13: Preise für die Umstellung eines bestehenden Systems auf eine Silikonbeschichtung: drei Systeme (CDP auf FRC, SPC auf FRC mit und ohne Sandstrahlen) für drei Schiffsgrößen (2500-, 5700- und 7500-TEU-Schiff)
*** siehe [Kap.6.1.1] Zusatzkosten für Mehraufwand bei FRC

Kapitel 6 KOSTEN-NUTZEN-ANALYSE
(Cost-benefit calculation)

*Abb.*76, 77, 78 stellen die Auswertungen aus *Tab.*13 graphisch dar:

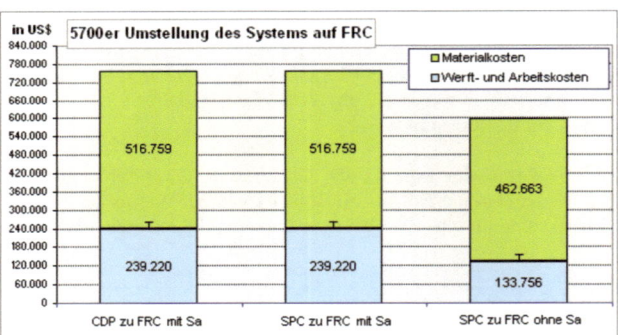

Abb.76: Kostenvergleich bei der Umstellung des Farbsystems auf die Silikontechnologie mit und ohne Sandstrahlen auf einem 2500-TEU-Schiff

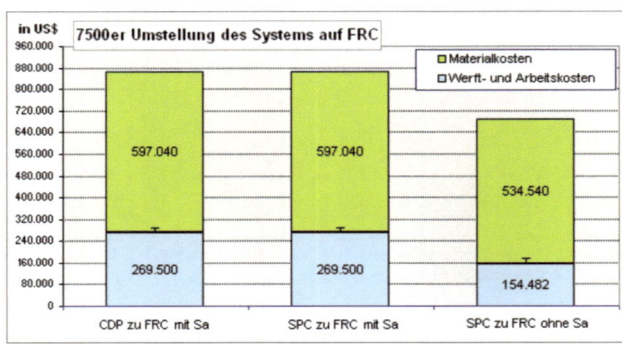

Abb.77: Kostenvergleich bei der Umstellung des Farbsystems auf die Silikontechnologie mit und ohne Sandstrahlen auf einem 5700-TEU-Schiff

Abb.78: Kostenvergleich bei der Umstellung des Farbsystems auf die Silikontechnologie mit und ohne Sandstrahlen auf einem 7500-TEU-Schiff

Kapitel 6   *KOSTEN-NUTZEN-ANALYSE*
(Cost-benefit calculation)

6.2 Brennstoffersparnisse durch reduzierten Reibungswiderstand
(Fuel oil savings due to reduced frictional resistance)

6.2.1 Kalkulation der Ersparnisse aus dem verminderten Brennstoffbedarf
(Calculation of savings due to less demand of fuel oil)

Die Brennstoffersparnisrate von *FRC-* gegenüber *SPC*-Beschichtungen wurde mit 0,5%, 1,0% und 2,0% angesetzt und anhand der im Kapitel 5 erläuterten Randbedingungen wurden konkrete Kalkulationen aufgestellt. Nach Angaben verschiedener Quellen sind möglicherweise noch höhere Brennstoffersparniseffekte zu erwarten. Nach Auswertungen deutscher Reedereien sind für das Jahr 2005 Ersparnisraten von bis zu 5% festgestellt worden.
In dieser Untersuchung wurde mit moderaten Ersparnisraten von maximal 2% kalkuliert. Eine genauere Untersuchung in Bereichen zwischen bis 2% erscheint auch sinnvoll, da für die meisten relevanten Schiffsgrößen ein Kapitalrückfluß mit Brennstoffersparnisraten innerhalb der ersten 60 Monate im Bereich zw. 0,5%-2% zu erwarten ist. Für höhere Einsparungen steigt zwar der Gewinn linear, allerdings liegt der interessante *Break-even-point* in den genannten Grenzen. Sollte es notwendig sein mit höheren prozentuellen Einsparungen kalkuliert werden muß, sind die Beträge linear mit den vorhandenen Werten zu extrapolieren.
Gegenüber *CDP*-Beschichtungen sind allgemein höhere Ersparnisraten zu erwarten als gegenüber *SPC*-Systemen. Die Vergleiche müssen auf Basis einer *CDP*-Lebensdauer von 36 Monaten aufgestellt werden mit daraus folgendem Anstieg der Werft- und Materialkosten.

Für die Auswertung vorliegender Daten ist zu beachten, daß die durchgerechneten Fälle mit vorgegebenen Randbedingungen bestimmt wurden. Die ertragsbestimmenden Faktoren wie der Brennstoffverbrauch, die Aktivität eines Schiffes und vor allem der sehr volatile Brennstoffpreis müssen in der Praxis für jedes Schiff einzeln anhand der aktuellen Daten bestimmt werden. Das Ziel dieser Ausarbeitung war nicht bestimmte Einzelfälle exakt durchzurechnen, sondern vielmehr mit vorgegebenen, möglichst allgemein gültigen nachvollziehbaren Eckdaten für eine Vielzahl von Schiffsgrößen klare Tendenzen erkennbar zu machen. Aus diesem Grund sind die hier dargestellten Zahlen nicht als absolut gültige Beträge zu verstehen, sondern als richtungsweisende, mit Fehlern behaftete Schätzungen anzusehen. Genauere Fallberechnungen für die Praxis sind nicht nur wünschenswert, sondern mit Anpassung an die gegebenen Randbedingungen dringend notwendig.

*Abb.*79, 80, 81 stellen die ersparten Beträge, mit den genannten Bedingungen für die Ersparnisraten von 0,5-, 1- und 2% graphisch dar.

Kapitel 6 *KOSTEN-NUTZEN-ANALYSE*
(Cost-benefit calculation)

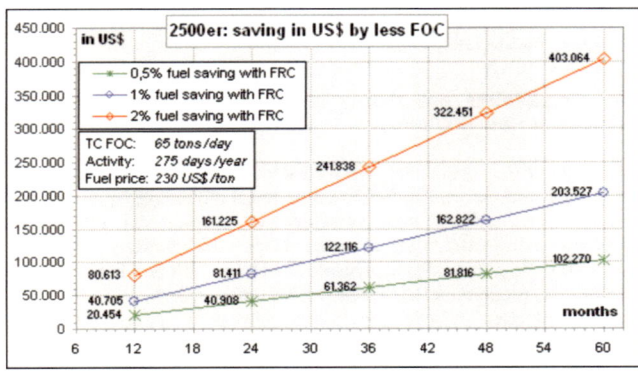

Abb.79: Brennstoffersparnisbeträge für ein 2500-TEU-Schiff

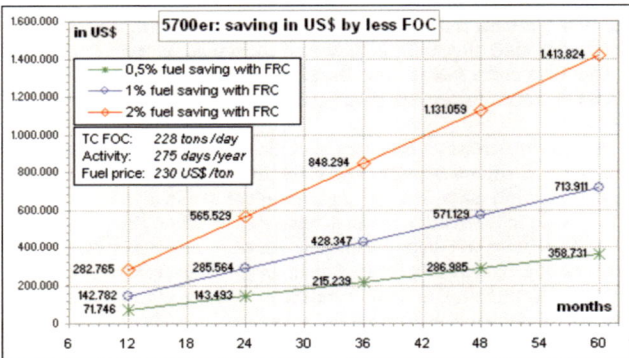

Abb.80: Brennstoffersparnisbeträge für ein 5700-TEU-Schiff

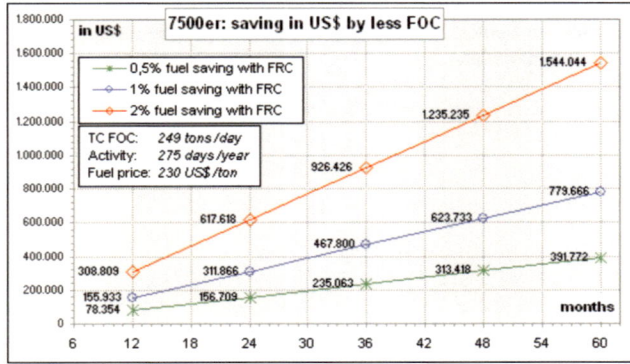

Abb.81: Brennstoffersparnisbeträge für ein 7500-TEU-Schiff

6.2.2 Validierung der Ersparnisse aus dem verminderten Brennstoffbedarf
(Validation of savings due to less demand of fuel oil)

Der Farbhersteller International Paint Ltd. hat ein Programm „*Hull Roughness Penalty Calculator*" (*HRPC*) zur Kalkulation der Brennstoffersparnisbeträge im Hinblick auf die Rauhigkeitsunterschiede und die Reibungswiderstandszunahmen bei Schiffen entwickelt. Mit *HRPC* kann weiterhin sowohl der Kohlendioxid- (CO_2) als auch der Schwefeldioxidausstoß (SO_2) bestimmt werden. Ein Nachteil des *Penalty Calculators* ist, daß nur ein Vergleich zwischen den hauseigenen Produkten möglich ist und, daß die Anfangsrauhigkeiten nicht individuell eingegeben werden können. Genauso sind die jährlichen Rauhigkeitszunahmen für die jeweiligen Produkte nach Anderson [66] vorgegeben und können nicht variiert werden. *HRPC* arbeitet mit den Methoden von Townsin [68] und betrachtet die Brennstoffpreise über die Dauer des Vergleiches, ähnlich wie in dieser Untersuchung, als konstant.

Um einen groben Überblick über die Richtigkeit der in dieser Ausarbeitung ermittelten Ergebnisse zu erhalten, wurden Berechnungen für ähnliche Schiffe bei gleichen Randbedingungen mit dem *HRPC*-Programm durchgeführt.

Die Ergebnisse des *Penalty Calculators* zeigten ähnliche Tendenzen, erwartungsgemäß mit leicht höheren Ersparanisbeträgen, da die Annahmen des Herstellers International Paint über den angenommenen Ersparnisraten in dieser Ausarbeitung liegen. Der Konzern geht von einer Brennstoffersparnis von zw. 1-3% mit Silikonanstrichen gegenüber *SPC*-, und von bis zu 4,5% gegenüber *CDP*-Systemen. In *Abb.*82 ist ein Ausschnitt des *HRPC*-Kalkulators mit einer der durchgeführten Vergleichrechnungen graphisch dargestellt.

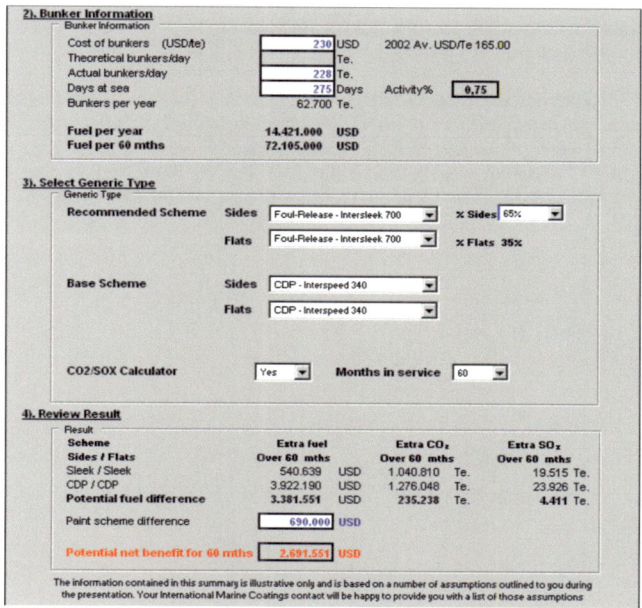

Abb.82: Ausschnitt des Hull Roughness Penalty Calculator mit Berechnungen der Ersparnisse für das 5700-TEU-Referenzschiff nach 60 Monaten © International Paint Ltd.

6.3 Kosten-Nutzen-Analyse
(Cost-benefit analysis)

Die vorliegende Kosten-Nutzen-Analyse soll den Charter-Vertragsparteien einen Einblick geben, welche finanziellen Vorteile, vor allem für den Brennstoffinanzierer, aus einer Silikonbeschichtung auf einem Schiff resultieren. Der Vercharterer tritt als der technische Betreuer des Schiffes auf und ist generell für eine Außenhautbeschichtung und deren Finanzierung verantwortlich. Für die Kosten-Nutzen-Betrachtungen ist daher nicht die Gesamtsumme, die im Zusammenhang mit einem Silikonanstrich ansteht, relevant, sondern es sind nur die Mehrkosten gegenüber denen eines konventionellen Antifoulings zu berücksichtigen. Sinn dieser Betrachtungsweise ist, daß der Vercharterer grundsätzlich daran interessiert ist eine Silikonbeschichtung auf seinem Schiff zu besitzen, um beispielsweise bei späteren Verhandlungen mit einem höherwertigeren Anstrich/Schiff höhere Charterraten aushandeln zu können. Die Zusatzkosten eines Silikonanstriches rechtfertigen die genannten Vorteile in Augen der Reeder allerdings nicht. Der Vercharterer wird somit nicht bereit sein die Zusatzkosten alleine zu tragen, da der direkte finanzielle Nutzen aus der Brennstoffersparnis nicht in seine, sondern in die Hand des kommerziellen Nutzers und Brennstoffinanziers fließt. Der Charterer, der im Betrieb des Schiffes alleine von dem finanziellen Nutzen des reduzierten Brennstoffbedarfs profitieren würde, sollte grundsätzlich bereit sein für die zusätzlich angefallen Silikonbeschichtungskosten aufzukommen. Anderenfalls wird sich der investierende Eigner (Vercharterer) für die günstigere, laut Chartervertrag ausreichende *SPC*-Beschichtung entscheiden und damit dem Charterer indirekt vermeidbare Betriebskosten verursachen.

6.3.1 Kosten-Nutzen-Kalkulation bei Neusystemen
(Cost-benefit analysis for newbuildings)

In *Abb.* 83, 84, 85 werden die Kosten-Nutzen-Betrachtungen für Neubauten graphisch dargestellt. Da der Kapitalrückfluß (*break-even*) mit einer Ausnahme (2500er-Schiff bei Ersparnisrate von 0,5%) nach relativ kurzer Zeit erreicht wird und die Schiffe nachher nur noch in der Gewinnzone[66] operieren, genügt eine Auftragung nur für die ersten 5 Jahre. Für höhere Brennstoffersparnisraten wird die Gewinnzone erwartungsgemäß früher erreicht.

---

[66] Die Mehrkosten für eine Silikonbeschichtung wurden mit Brennstoffersparniskosten rekompensiert.

Kapitel 6   *KOSTEN-NUTZEN-ANALYSE*
(Cost-benefit calculation)

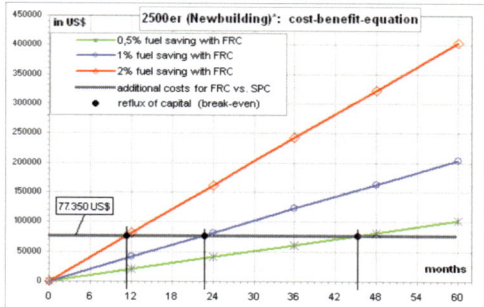

Abb.83: Kosten-Nutzen-Betrachtungen für Mehrkosten einer Silikonbeschichtung und Brennstoffersparnisraten von 0,5-, 1- und 2% für einen 2500-TEU-Neubau*

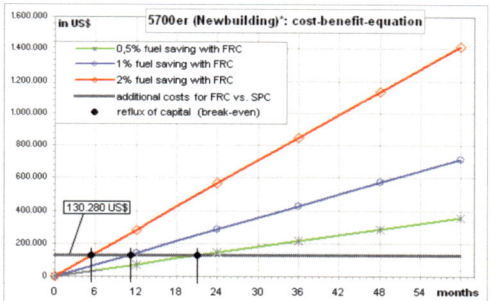

Abb.84: Kosten-Nutzen-Betrachtungen für Mehrkosten einer Silikonbeschichtung und Brennstoffersparnisraten von 0,5-, 1- und 2% für einen 5700-TEU-Neubau*

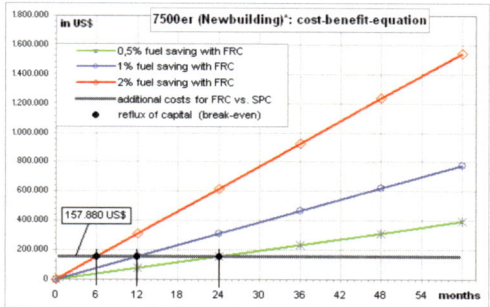

Abb.85: Kosten-Nutzen-Betrachtungen für Mehrkosten einer Silikonbeschichtung und Brennstoffersparnisraten von 0,5-, 1- und 2% für einen 7500-TEU-Neubau*

---

* Exakte Kosten für die Neuapplikation auf einem Neubau sind nicht bekannt. Um einen Vergleich zu ermöglichen, wird eine fiktive Annahme getroffen, daß ein Neubauschiff fertig gebaut und unbeschichtet in einer Reparaturwerft mit einem Farbneusystem versehen wird.

Kapitel 6 KOSTEN-NUTZEN-ANALYSE
(Cost-benefit calculation)

6.3.2 Kosten-Nutzen-Kalkulation bei einer Systemumstellung
(Cost-benefit analysis for a changeover of the technology)

Die Kosten der Systemumstellung mit vorherigem Sandstrahlen (bzw. Hochdruckwasserstrahlen) der alten Schicht sind für die ablativen Systeme (*CDP*) und für die selbstpolierenden Technologien (*SPC*) identisch. Eine Umstellung auf die *FRC*-Technologie ohne Sandstrahlen ist, nach vorheriger Inspektion des Farbherstellers, möglich. Bei einem Systemwechsel von einem *CDP*- auf einen *FRC*-System ist die intensive Oberflächenvorbehandlung unvermeidbar.

In Abb.86, 87, 88 werden die Kosten-Nutzen-Kalkulationen für eine Umstellung des Systems von CDP/SPC auf FRC graphisch dargestellt.

Kapitel 6   KOSTEN-NUTZEN-ANALYSE
(Cost-benefit calculation)

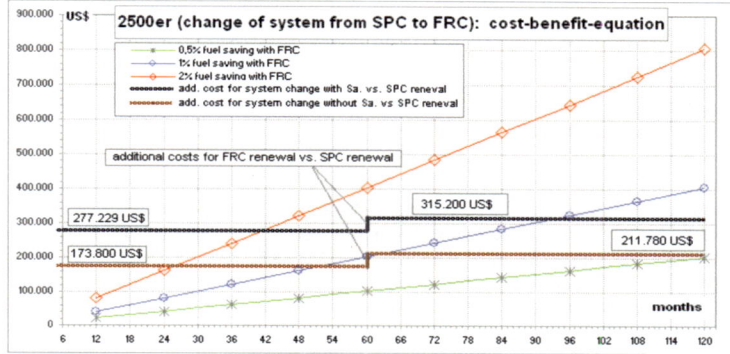

Abb.86: Kosten-Nutzen-Betrachtungen für Kosten der Systemumstellung von CDP/SPC auf eine Silikonbeschichtung und Brennstoffersparnisraten von 0,5-, 1- und 2% für einen 2500-TEU-Containerschiff

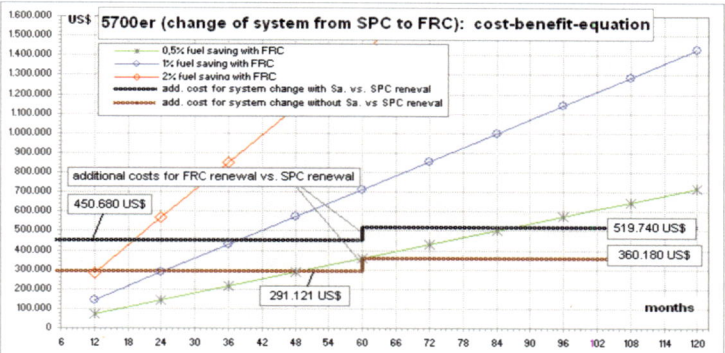

Abb.87: Kosten-Nutzen-Betrachtungen für Kosten der Systemumstellung von CDP/SPC auf eine Silikonbeschichtung und Brennstoffersparnisraten von 0,5-, 1- und 2% für einen 5700-TEU-Containerschiff

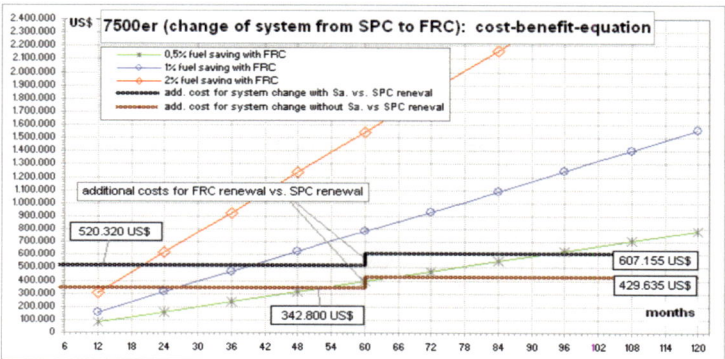

Abb.88: Kosten-Nutzen-Betrachtungen für Kosten der Systemumstellung von CDP/SPC auf eine Silikonbeschichtung und Brennstoffersparnisraten von 0,5-, 1- und 2% für einen 7500-TEU-Containerschiff

Kapitel 7 ERGEBNISDISKUSSION & AUSWERTUNG
(Discussion and evaluation of the results)

7. Ergebnisdiskussion und Auswertung
(Discussion and evaluation of the results)

7.1 Ergebnisdiskussion der Kosten-Nutzen-Betrachtungen
(Discussion of the cost-benefit analysis)

Auf Basis der Ergebnisse aus dem vorherigen Kapitel konnten Tatsachen sichtbar gemacht werden, die weitere Überlegungen für oder gegen ein Anbringen von Silikonfarben auf einem Containerschiff erleichtern sollen. Die Ergebnisse sind nicht als absolut zu betrachten, da sich nicht nur die Variablen (Brennstoffpreis und -verbrauch, Aktivität etc.) permanent verändern, sondern es sind auch einige feste Angaben aufgenommen worden (Farbpreise, Werftpreise), die ebenfalls veränderlich sind, und in der Praxis von Fall zu Fall gesondert betrachtet werden müssen.
Die in dieser Untersuchung maximal angenommene Rate von 2% (*FRC* vs. *SPC*) erscheint als angemessen, da die interessantesten Fragen der Kosten-Nutzen-Betrachtungen können bei den angenommenen Bedingungen in der Range der Brennstoffersparnisrate zwischen 0,5-2% beantwortet werden.

7.1.1 Ergebnisauswertung der Kosten-Nutzen-Betrachtung für Neusysteme *(Evaluation of cost-benefit calculation for newbuildings)*

Die Applikation von Silikonbeschichtungen auf Neubauten verursacht Kosten die bis zu 30% höher liegen als die eines Neusystems einer qualitativen *SPC*-Beschichtung. Angesichts der zu erwartenden Ersparnisse werden die Mehrausgaben relativ schnell amortisiert. Selbst bei kleineren Handelschiffen mit relativ niedrigen Brennstoffbedarf und minimalen Ersparnisraten ist mit einem Kapitalrückfluß innerhalb der ersten 60 Monate zu rechnen. Bei großen Schiffen mit einem höheren Brennstoffbedarf tritt dieser Effekt, selbst bei minimalen Brennstoffeinsparungen von nur 0,5% schon innerhalb der ersten zwei Jahre auf. Bei eine Charterdauer von 60 Monaten kann der Brennstoffinanzierer, abhängig von Schiffsgröße und Ersparnisrate die Brennstoffausgaben im sechs- bis siebenstelligen Bereichen (in *US-$*) sparen. Erweisen sich die Prognosen der Hersteller von deutlich höheren Ersparnisraten als richtig, so ist auch für kleinere Schiffe ein Kapitalrückfluß schneller erreicht. Grundsätzlich bleibt festzuhalten, daß selbst mit einer Brennstoffersparnisrate von nur 0,5% nach 5 Jahren sich die Investition für alle Schiffsgrößen-Neubauten lohnen wird.
Beim Ordern neuer Schiffe und Abschließen von Neubau-Charterverträgen sollte eine Überlegung zur Applikation silikonbasierter Unterwasseranstriche als eine wichtige Verhandlungsgrundlage wahrgenommen werden.

7.1.2 Ergebnisauswertung der Kosten-Nutzen-Betrachtung für Systemwechsel
(Evaluation of cost-benefit calculation for changeover of antifouling system)

Aufgrund des höheren finanziellen Aufwandes bei einer Systemumstellung gegenüber dem Neusystem wird die Gewinnzone bei den angenommenen moderaten Ersparnisraten erst zu einem späteren Zeitpunkt erreicht. Der Kapitalrückfluß für Brennstoffsparraten unter 1% erfolgt dabei für mittelgroße Containerschiffe oft erst innerhalb von zwei Dockungsphasen (10 Jahre), so daß eine Betrachtung über 120 Monate mit der dazwischen liegenden Dockung und Erneuerung des Silikonanstriches notwendig ist. Bei kleineren Schiffen und minimalen Ersparnisraten von 0,5% sind die Mehrkosten für eine Umstellung auf die Silikontechnologie ohne Sandstrahlen erst nach ca. 120 Monaten gedeckt. Bei Reduzierung der Brennstoffaus-

Kapitel 7   *ERGEBNISDISKUSSION & AUSWERTUNG*
(Discussion and evaluation of the results)

gaben um 1% tritt dieser Effekt allerdings nach ca. 60 Monaten auf. Für Systemwechsel mit vorherigem Abstrahlen der alten Farbreste ist erst bei Ersparnisraten oberhalb 1,5% mit Profiten innerhalb der ersten Betriebsphase (60 Monate) zu Rechnen. Bei einer Rate von 1% würde das Kapital bei kleineren Schiffen erst nach ca. 96 Monaten zurückfließen (siehe *Abb.86-88*). Für größere Schiffe mit einem höheren Brennstoffbedarf bzw. bei höheren Ersparnisraten verhält sich diese Abhängigkeit linear, wobei grundsätzlich bei um 1% reduziertem Brennstoffbedarf mit finanziellen Vorteilen schon innerhalb der ersten Dockungsphase zu rechnen ist, unabhängig davon ob eine Systemumstellung mit oder ohne des kostenintensiven Sandstrahlens durchgeführt wurde. Bei großen Schiffen bewegen sich die Einsparrungen (bzw. Gewinn) mit Ersparnisraten von nur 1% innerhalb der ersten 120 Monate bereits in siebenstelligen Bereichen (in *US-$*).

7.2 Handlungsgrundlagen für das Charter-Vertragsverhältnis
(Fundamental starting points for negotiations between contractual partners)

Für das Vertragsverhältnis Vercharterer-Charterer ist festzuhalten, daß grundlegend beide Parteien an einem vollwertigen Silikonaußenhautsystem interessiert sein sollten. Für die Wartungsarbeiten und für den Außenhautanstrich ist grundsätzlich der Vercharterer verantwortlich. Der Vercharterer würde allerdings nicht direkt von den Vorteilen der Brennstoffersparnis profitieren, sollte er sich für eine Silikonbeschichtung entscheiden. Grundsätzlich ist er bestrebt sämtliche Ausgaben minimal zu halten und wurde mit der Entscheidung ein kostengünstigeres, laut Chartervertrag ausreichendes, Antifoulingsystem zu applizieren, dem kommerziellen Nutzer des Schiffes indirekt höhere Brennstoffkosten verursachen. Auf der anderen Seite ist ein silikonbasiertes Antifoulingsystem allgemein als höherwertigere Technologie angesehen und somit würde der Vercharterer ein höherwertigeres Schiff besitzen. Ein erschwerender Aspekt einer eventuellen Vorfinanzierung durch den Vercharterer kommt aus der Tatsache, daß er zwar als der technische Betreuer des Schiffes auftritt, meist allerdings nicht der alleinige Eigner des Schiffes ist. Der Vercharterer agiert oft im Interesse einer Beteiligungsgesellschaft, die aus Kleinanlegern, als Anteilseigner des Schiffes, zusammengesetzt ist. Die Beteiligungsgesellschaft ist gewinnorientiert eingestellt und billigt dem technischen Betreiber (Vercharterer) ein Jahresetat zu, mit dem der Reeder das Betrieb „Schiff" aufrechterhalten soll. Mehrausgaben bzw. Budgetmehrbedarf müssen von der Beteiligungsgesellschaft genehmigt werden. Die meist technisch weniger eingeweihten Kleinanleger sind allgemein nicht bereit hohe Mehrkosten (z.B. für eine Silikonbeschichtung) zu billigen, sobald nicht ein eindeutig kalkulierbarer finanzieller Vorteil in Aussicht gestellt wird. Zwar wurde langfristig auch die Beteiligungsgesellschaft davon profitieren ein höherwertigeres Schiff zu besitzen, mit dem in Zukunft höhere Charterraten acquiriert werden können, doch sind diese Mehreinnahmen eher spekulativer Natur und nur schwer monetär zu bewerten. Dem Vercharterer stehen somit nur sehr wenige Möglichkeiten offen Mittel für eine Silikonbeschichtung eigenverantwortlich zur Verfügung zu stellen. Eine umweltverträgliche Silikonbeschichtung ist seinerseits zwar wünschenswert, jedoch meist nicht erforderlich[67]. Die Mehrkosten für ein teures Silikonsystem können und müssen nicht von dem technischen Betreiber des Schiffes finanziert werden.
Dagegen würde der Charterer einen direkten finanziellen Nutzen von Brennstoffersparnissen mit einer Silikonbeschichtung ziehen. Da die Einsparungen oft innerhalb von 5 Jahren in siebenstelligen Bereichen liegen (in *US-$*) sollte der Charterer dem betriebswirtschaftlichen

---
[67] Die Notwendigkeit, von seitens des Vercharterers ein Silikonsystem anbringen zu wollen, wäre in Fall in dem ein Schiff den vertraglich festgelegten Brennstoffverbrauch bei einer bestimmten Geschwindigkeit nicht einhalten kann, und ggf. mit Garantieforderungen des Charterers zu rechnen ist. Eine Silikonaußenhautbeschichtung konnte darin behilflich sein den Brennstoffbedarf zu Minimieren und so mit dem Schiff in den Grenzen des vertraglich festgelegten Brennstoffmaximalbedarfs zu operieren.

Prinzip nach den finanziellen Profit aus einem verminderten Leistungsbedarf mit einer Silikonbeschichtung zumindest in Erwägung ziehen.
Die Kosten-Nutzen-Betrachtungen der untersuchten Fälle liefern Ergebnisse, die aus wirtschaftlicher Sicht, bei Betrachtung des absoluten Wertes der als Gewinnbetrag stehen bleibt, eine Anwendung von *FRC*-Beschichtungen nahe legen. Die Unwissenheit der Charterer über die Höhe der finanziellen Vorteile bei Benutzung von Silikonfarben führt zu einer nachhaltigen Skepsis und Zurückhaltung wegen der höheren Materialpreise. Wie dabei in *Tab.*14, 15 und 16 zu erkennen ist, übersteigen jedoch die Brennstoffersparnisse die Investitionskosten, insbesondere bei großen Schiffen und langer Charterdauer, schon in den ersten 5 Jahren meist um ein Vielfaches (siehe *Abb.83-88*).
Bei einer Systemumstellung von einem *SPC*-System auf die *FRC*-Technologie ist genauer zu prüfen, wann Kapitalrückflußeffekte zu erwarten sind. Sollte ein Abstrahlen der Außenhaut aus gesetzlichen Gründen ohnehin notwendig sein (z.B. absolutes *TBT*-Verbot zum 1.1.2008, das ein Abtragen der vorhandenen *TBT*-Farbreste notwendig macht), ist dieser fall als Neubau zu behandeln und die Mehrkosten für eine *FRC*-Beschichtung würden dann nur geringfügig[68] über denen für ein neues *SPC*-System liegen.
Für überschlägige Kalkulationen und Tendenzen von Profitentwicklung mit Silikonbeschichtungen, geben die folgenden Tabellen einem ersten Einblick. Für die drei Ersparnisraten (0,5%, 1,0%, 2,0%) wurden die gesparten Beträge für ein komplettes Neusystem (Neubau)* und eine Umstellung von *SPC* auf *FRC* mit und ohne Sandstrahlen für die drei Referenzschiffsgrößen (2500-, 5700-, 7500-*TEU*) durchgerechnet (*Tab.14-16*, alle Beträge in *US-$*).

Bei Betrachtung der absoluten Beträge sollte die Nutzerseite als die treibende Kraft für die Befürwortung eines Silikonanstrichsystems auf dem von ihr gemietetem Schiff auftreten. Da der Vercharterer ebenfalls grundsätzlich an einem vollwertigeren Schiff interessiert ist, sollte es möglich sein am Verhandlungstisch ein für beide Seiten befriedigendes Finanzierungskonzept zu entwickeln. Aus wirtschaftlicher Hinsicht stellt sich nicht die Frage ob ein silkonbasiertes Unterwasseranstrich eine lohnende Investition ist, sondern wie man die Mehrkosten einer solchen Technologie finanziert.

---

[68] Die Gesamtkosten für ein *FRC*-Neusystem auf einem Neubau* liegen zwischen 24-30% über den Kosten für ein *SPC*-System [*Tab.*11].

Kapitel 7   *ERGEBNISDISKUSSION & AUSWERTUNG*
                  (Discussion and evaluation of the results)

NEUSYSTEM AUF EINEM NEUBAU						
SCHIFF	%	HFO Ersparnis nach 5 Jahren	Mehkosten Neu für Silikon	Mehrkosten Erneuerung nach 5 u. 10J	Charterer Profit nach 5J mit Erneuerung	Charterer Profit nach 10J mit Erneuerung
2500er	0,5%	102.720	77.350	37.972	-12.602	154.866
	1,0%	203.527	77.350	37.972	88.205	457.287
	2,0%	403.064	77.350	37.972	287.742	1.055.898
5700er	0,5%	358.731	130.280	69.092	159.359	807.729
	1,0%	713.911	130.280	69.092	514.539	1.873.269
	2,0%	1.413.824	130.280	69.092	1.214.452	3.973.008
7500er	0,5%	391.772	157.880	86.838	147.054	843.760
	1,0%	779.666	157.880	86.838	534.948	2.007.442
	2,0%	1.544.044	157.880	86.838	1.299.326	4.300.576

Tab.14: Kosten-Nutzen-Vergleich für Neubaufarbsyteme nach 5 und 10 Jahren

SYSTEMUMSTELLUNG OHNE SANDSTRAHLEN						
SCHIFF	%	HFO Ersparnis nach 5 Jahren	Mehkosten Umst für Silikon ohne Sa.	Mehrkosten Erneuerung nach 5 u. 10J	Charterer Profit nach 5J mit Erneuerung	Charterer Profit nach 10J mit Erneuerung
2500er	0,5%	102.720	173.807	37.972	-109.059	-44.311
	1,0%	203.527	173.807	37.972	-8.252	157.303
	2,0%	403.064	173.807	37.972	191.285	556.377
5700er	0,5%	358.731	291.121	69.092	-1.482	288.157
	1,0%	713.911	291.121	69.092	353.698	998.517
	2,0%	1.413.824	291.121	69.092	1.053.611	2.398.343
7500er	0,5%	391.772	342.799	86.838	-37.865	267.069
	1,0%	779.666	342.799	86.838	350.029	1.042.857
	2,0%	1.544.044	342.799	86.838	1.114.407	2.571.613

Tab.15: Kosten-Nutzen-Vergleich für eine Systemumstellung ohne Sandstrahlen nach 5 und 10 Jahren

SYSTEMUMSTELLUNG MIT SANDSTRAHLEN						
SCHIFF	%	HFO Ersparnis nach 5 Jahren	Mehkosten Umst für Silikon mit Sa.	Mehrkosten Erneuerung nach 5 u. 10J	Charterer Profit nach 5J mit Erneuerung	Charterer Profit nach 10J mit Erneuerung
2500er	0,5%	102.720	277.230	37.972	-212.482	-147.734
	1,0%	203.527	277.230	37.972	-111.675	53.880
	2,0%	403.064	277.230	37.972	87.862	452.954
5700er	0,5%	358.731	450.680	69.092	-161.041	128.598
	1,0%	713.911	450.680	69.092	194.139	838.958
	2,0%	1.413.824	450.680	69.092	894.052	2.238.784
7500er	0,5%	391.772	520.320	86.838	-215.386	89.548
	1,0%	779.666	520.320	86.838	172.508	865.336
	2,0%	1.544.044	520.320	86.838	936.886	2.394.092

Tab.16: Kosten-Nutzen-Vergleich für eine Systemumstellung mit Sandstrahlen nach 5 und 10 Jahren

8. Zusammenfassung und Ausblick
(Summary and outlook for the future)

In vorliegendem Buch wurde die Silikontechnologie bei Unterwasserschiffsanstrichen nach technischen, wirtschaftlichen und ökologischen Aspekten untersucht. Dabei sind die Ausarbeitungen in drei Teilziele gegliedert worden.

Ausgehend von einem Überblick über die Problematik und Rahmenbedingungen zum Auftreten von Bewuchs, sowie über die aktuelle Gesetzeslage und Richtlinien wurden bewuchshemmende Maßnahmen bei Seeschiffen untersucht. Dabei sind die existierenden Systeme auf ihre Wirkungsprinzipien, Art und Effektivität in der Bewuchsbekämpfung analysiert und miteinander verglichen worden. Die Silikontechnologie bietet mit ihren Eigenschaften der extrem glatten Oberfläche und der niedrigen Oberflächenenergie eine hervorragende Performance in der Bewuchsbekämpfung gegenüber anderen Systemen. Zudem kommt diese Technologie im Gegensatz zu den erodierenden Antifoulings gänzlich ohne toxische Substanzen (Biozide) aus.

Im zweiten Teil der Ausarbeitungen wurden die Eigenschaften und die Wirkungsweisen von silikonbasierten Anstrichsystemen ausführlich behandelt. Hierbei wurden die praktischen Wirkungsarten und -prinzipien von Silikonfarben den theoretischen Betrachtungen gegenübergestellt und hinterfragt. Die Problematik der notwendigen Technologie beim Applizieren und allgemeine Schwierigkeiten beim Anwenden von Silikonfarben wurden mit den Vorteilen dieser Technologie verglichen. Dabei hat sich herausgestellt, daß bei Applikation von den Silikonsystemen zwar ein zusätzlicher Ausrüstungs- und Personalbedarf zu erwarten ist, dieser jedoch geringer ausfällt, als allgemein angenommen. Eine verkürzte Dockaufenthaltszeit und ein geringerer Materialbedarf bei Folgeanbringung egalisieren diesen Mehraufwand. Weiterhin wurde auf Fragen nach der ökologischen Bewertung derartiger Systeme eingegangen. In Silikonbeschichtungen sind bisher keine toxischen Substanzen nachgewiesen worden. Die Frage nach dem Verbleib der ausgeschwitzten Silikonöle und deren Auswirkungen auf die aquatische Umwelt ist bis heute nicht beantwortet, nachhaltig negativen Effekte konnten jedoch nicht festgestellt werden. Von Seiten des Gesetzgebers besteht momentan kein Handlungsbedarf, da sämtliche Grenzwerte bei der Anwendung von Silikonanstrichen deutlich unterschritten werden. Durch den Verzicht auf Biozide bei Silikonfarben gelten diese Unterwasseranstriche auch in Kreisen der Umweltschützer als die umweltfreundlichste *TBT*-Alternative bei den Außenhautbeschichtungen.

Im dritten Teil der Untersuchung wurde eine betriebswirtschaftliche Kosten-Nutzen-Analyse für biozidfreie silikonbasierte Antifoulings aufgestellt, um Tendenzen bei einer Entscheidung für oder gegen die Silikontechnologie sichtbar zu machen. Die Silikonfarben erfordern einen erheblich gesteigerten finanziellen Aufwand, versprechen jedoch einen langzeitig bewuchshemmenden und glättefördernden Effekt, mit dem der Leistungsbedarf minimiert wird, und somit Brennstoffkosten gespart werden. Um Größeneffekte sichtbar zu machen sind die Kosten-Nutzen-Betrachtungen mit realen Randbedingungen, praxisnahen Annahmen und aktuellen Preisen für drei signifikante Schiffsgrößen aufgestellt worden. Des weiteren wurde nach der für die Praxis relevanten Fallunterscheidung (*FRC*-Neusystem auf einem Neubau und einer Systemumstellung eines konventionellen *CDP/SPC*-Antifoulings auf die *FRC*-Technologie) analysiert. Es wurde festgestellt, daß insbesondere für größere Containerschiffe und bei Brennstoffersparnisraten von mehr als 0,5% ein Anwenden von Silikonfarben sinnvoll erscheint und die Ersparnisbeträge die Investitionskosten schon nach 2-3 Jahren amortisieren bzw. innerhalb neuer Dockungsintervalle um ein Mehrfaches übersteigen. Wird mit einer Reduzierung der Brennstoffbedarfs und 1% kalkuliert, so ergeben sich nach 60 Monaten Einsparungen in siebenstelligen Bereichen, speziell wenn von einem Neusystem auf einem Schiffsneubau ausgegangen wird. Die Mehrkosten eines Systemwechsels auf die *FRC*-Technologie übersteigen die eines Neusystems, so daß hier mit ei-

Kapitel 8   *ZUSAMMENFASSUNG und AUSBLICK*
             (Summary and outlook for the future)

nem Kapitalrückfluß zu einem späteren Zeitpunkt, allerdings ebenfalls, außer für kleinere Schiffe, innerhalb von 5 Jahren zu rechnen ist. Es darf nicht übersehen werden, daß in dieser Untersuchung mit moderaten Brennstoffersparnisraten kalkuliert wurde. Sowohl die Hersteller als auch zunehmend die Stimmen aus der Praxis sprechen von deutlich höheren Sparraten. Sollten sich diese Aussagen bestätigen, muß die Fragestellung der Kosten-Nutzen-Kalkulation von Silikonanstrichen neu definiert werden, da bereits mit den niedrigen Ersparnisannahmen hohe Gewinne erreicht werden. Angesichts dieser Ergebnisse konnte eine Handlungsempfehlung für das Vertragsverhältnis Vercharterer-Charterer ausgesprochen werden. Während der kommerzielle Nutzer des Schiffes (Charterer) mit sehr hohen finanziellen Profiten durch Brennstoffersparnisse rechnen kann, ergeben sich für den Eigner und technischen Betreiber des Schiffes (Vercharterer) Vorteile in Form von einem umweltverträglichen, vollwertigeren Schiff mit anzunehmenden Wettbewerbsvorteilen bei Akquisition neuer Chartervertäge. Nicht zuletzt wird die Umwelt durch Verzicht vom Eintrag toxischer Biozide in die maritime Umgebung spürbar entlastet. Ergeben sich nachhaltig starke Applikationszahlen der Welthandelsflotte mit Silikonfarben, so wird nicht nur der Eintrag von Bioziden in die aquatische Umwelt reduziert, sondern durch den verminderten Brennstoffbedarf wird auch der globale prozentual zu Tonnage angegebene Ausstoß von Kohlen- und Schwefeldioxid spürbar reduziert.

Im Hinblick auf weitere Entwicklungspotentiale der Silikontechnologie für das Anwenden auf Propellern und Rudern kann in den nächsten Jahren noch viel Forschung betrieben werden. Silikonfarben weisen hervorragende Eigenschaften auf, den Kräften der implodierten Kavitationsblasen zu widerstehen [69, 115] und eignen sich deshalb insbesondere für Applikationen auf Propellern und Ruderblättern.
Eine weitere interessante Annahme ist, daß eine Schleimbildung auf Silikonbeschichtungen, ähnlich wie bei Fischen (Fischschleim) oder bei Delphinen (gelartige Hautoberfläche), widerstandsmindernde Effekte zur Folge hat. Nach Ansicht der Wissenschaftler tendieren anstehende Forschungsarbeiten zur Ergründung dieses Phänomens und sind als der nächste Schritt in der Weiterentwicklung der Silikonfarben zu verstehen. In andersartigen Forschungsprojekten bedient man sich des Werkstoffes Silikon zur Nachahmung effektiver, in der Natur vorkommenden, Oberflächenstrukturen, wie dies beispielsweise bei der Haifischhaut-Imitation der Fall ist.
Mit neuesten Entwicklungen der Farbindustrie können inzwischen auch langsame, mit 13 Knoten fahrende Schiffe von der Silikontechnologie profitieren. Ein künftiges Übertragen dieser Effekte auf stationäre Anlagen, bei denen der Bewuchs nicht strömungs- sondern schwerkraftbedingt abfällt ist zwar noch nicht absehbar, wäre allerdings sehr wünschenswert.

Angesichts der ökologischen Vorteile und auch aus der betriebswirtschaftlichen Hinsicht für alle Beteiligten, die von einem Betrieb „Schiff" profitieren, bietet die Silikontechnologie vielversprechende Perspektiven an. Durch die seit Jahren anhaltend steigende Preise für fossile Brennstoffe und durch das wachsende Vertrauen der Betreiber für diese Technologie konnte die Motivation für das Applizieren von Silikonbeschichtungen in der nächsten Zeit verstärkte Impulse erhalten. Nach der jahrzehntelangen „Ausbeutung" der Umwelt mit Organozinnverbindungen und anderen biozidhaltigen Antifoulingsystemen ist es mehr als wünschenswert, daß die umweltverträgliche Silikontechnologie die Nachfolge von *TBT*-haltigen Farben antritt und bald die dominierende Technologie bei Unterwasserbeschichtungen sein wird.

9. Anhang
(Addendum)

9.1 Symbolverzeichnis
(Index of symbols)

Die allgemein gültige Notation von *ITTC* (*International Towing Tank Conference*) und anderen Institutionen wurde weitgehend übernommen. In einigen Fällen wurde versucht durch eindeutige Indexierung eine Unterscheidung der Komponenten zu gewährleisten; die Symbole wurden an entsprechenden Stellen eindeutig benannt.

Symbol	Deutsch	English	Einheit
B	Breite des Schiffes	Width of Ship	[m]
C_F	Reibungswiderstandsbeiwert	Friction Resistance Coefficient	[-]
$C_{F,ITTC}$	Reibungswiderstandsbeiwert nach *ITTC57*	Friction Resistance Coefficient *ITTC'57*	[-]
$\Delta C_{F,ITTC78}$	Reibungszusatzwiderstandsbeiwert nach *ITTC78*	Added Friction Resistance C. from *ITTC78*	[-]
$\Delta C_{F,ITTC84}$	Reibungszusatzwiderstandsbeiwert nach *ITTC84*	Added Friction Resistance C. from *ITTC84*	[-]
$\Delta C_{F,T}$	Reibungszusatzwiderstandsbeiwert nach Townsin	Added Friction Resistance C. Townsin	[-]
C_R	Restwiderstandsbeiwert	Residuary Resistance Coefficient	[-]
C_T	Gesamtwiderstandsbeiwert	Total Resistance Coefficient	[-]
F	Kraft	Force	[N]
F_n	Froudezahl	Froude Number	[-]
L_{OA}	Länge über Alles	Length Over All	[m]
L_{pp}	Länge zwischen den Loten	Length Between Perpendiculars	[m]
L_{WL}	Wasserlinienlänge	Length in the Waterline	[m]
P_E	Schleppleistung	Effective Power	[kW]
P_S	Wellenleistung	Shaft Power	[kW]
R_n	Reynoldszahl	Reynolds Number	[-]
$R_{n,krit}$	kritische Reynoldszahl	Critical Reynolds Number	[-]
R_F	Reibungswiderstand	Frictional Resistance	[kN]
R_T	Gesamtwiderstand	Total Resistance	[kN]
S	Benetzte Oberfläche	Wetted Surface	[m²]
T	Schub des Schiffes	Propeller Thrust	[kN]
U_∞	Geschwindigkeit von Parallelströmung	Speed of Parallel Flow	[m/s]
U	Geschwindigkeit einer Strömungsschicht	Speed of a Layer	[m/s]
V	Geschwindigkeit des Schiffes	Speed of Ship	[m/s] [kn]
V_A	Fortschrittsgeschwindigkeit des Schiffes	Speed of Advance of Ship Propeller	[m/s] [kn]
c_b	Blockkoeffizient (Verdrängungsvölligkeitsgrad)	Block Coefficient	[-]
c_m	Hauptspantvölligkeit	Midship Section Area Coefficient	[-]
c_p	Schärfegrad	Prismatic Coefficient	[-]
c_{wl}	Wasserlinienvölligkeit	Waterline Coefficient	[-]
g	Gravitationskonstante auf der Erdoberfläche	Acceleration due to Gravity	[m/s²]
h	Höhe	Heigth	[m]
h_r	Mittlere Rauhigkeitshöhe	Average Raoughness Height	[µm]
k	Formfaktor	Form Factor	[-]
k_s	Durchschnittliche Rauhigkeit AHR	Symbol for Average Hull Roughness	[µm]
n	Geschwindigkeitskoeffizient	Speed Index	[-]
p	Druck	Pressure	[N/m²]
δ	Grenzschichtdicke	Boundary Layer Thickness	[mm]
δ_{lam}	Grenzschichtdicke der laminaren Strömung	Boundary Layer Thickness of Laminar Flow	[mm]
δ_{turb}	Grenzschichtdicke der turbulenten Strömung	Boundary Layer Thickness of Turbulent Flow	[mm]
$\delta U/\delta y$	Geschwindigkeitsgradient	Velocity Gradient	[-]
g	Gravitationskonstante auf der Erdoberfläche	Gravity Coefficient	[m/s²]
ρ	Dichte des Seewassers bei 15°C	Density of Saltwater at 15°C	[kg/m³]
ρ_A	Dichte der Luft	Density of Air	[kg/m³]
η_T	Propulsionswirkungsgrad	Propulsion Efficiency	[-]
η_H	Schiffseinflußgrad	Hull Efficiency	[-]
η_O	Propellerfreifahrtwirkungsgrad	Open Water Propeller Efficiency	[-]

ANHANG   *ABKÜRZUNGSVERZEICHNIS*
(Index of abbreviations)

η_R	Gütegrad der Anordnung	Relative Rotative Efficiency	[-]
η_M	Mechanischer Wirkungsgrad	Mechanical Efficiency	[-]
η_S	Lagerverluste der Wellenleistung	Shafting Efficiency	[-]
η_B	Wirkungsgrad des Propeller am Hinterschiff	Efficiency of Propeller aft of ship	[-]
v	kinematische Zähigkeit (Viskosität)	Coefficient of Kinematic Viscosity	[m²/s]
τ	Scherspannung	Shear Stress	[N/mm²]
μ	Koeffizient der dynamischen Zähigkeit (Viskosität)	Coefficient of Viscosity	[Ns/m²]
μm	Mikrometer (1/1000 Millimeter)	Micron	[μm]

9.2 Abkürzungsverzeichnis
(Index of abbreviations)

AFS	Bewuchshemmende Systeme	Anti-fouling Systems
AHR	Durchschnittliche Rauhigkeit	Average Hull Roughness
ASTM	Amerikanischer Standard für Testen von Werkstoffen	American Standard for Testing and Materials
BfV	Bundesministerium für Verkehr	Department for Communion and Traffic
Bft	Beaufort (Einheit für Windstärke / Geschwindigkeit)	Beaufort (Unit for Strenght or Speed of Wind)
BMBF	Bundesministerium für Bildung und Forschung	Department for Education and Science
BRT	Bruttoraumzahl, Bruttoraumgehalt [dimensionslos]	Gross Tonnage (GT)
Cu	Symbol für Kupfer	Symbol for Cooper
CDP	Ablativer Antifouling	Controlled Depletion Copolymer
CFD	Computerunterstützte Strömungssimulationen	Computational Fluid Dynamics
CO2	Kohlendioxid	Carbon Dioxide
COA	Frachtvertrag	Contract of Affreighment
DNV	Det Norske Veritas (Klassifikationsgesellschaft)	Det Norske Veritas (Class)
FC	Volle Beschichtung (gesamte benetzte OF)	Full Coat
FDS	Forschungszentrum des Deutschen Schiffbaus	Research Centre for German Shipbuilding
FOC	Brennstoffverbrauch	Fuel Oil Consumption
FRC	Antihaftbeschichtung auf Silikonbasis	Foul Release Coating
GL	Germanischer Lloyd (Klassifikationsgesellschaft)	Germanischer Lloyd (Class)
HFO	Schweröl	Heavy Fuel Oil
HRPC	Rauhigkeits-Leistungsverlust-Kalkulator	Hull Roughness Penalty Calculator
IFO	Mittelschweres Öl	Intermediate Fuel Oil
IMO	Internationale Schifffahrtsorganisation	International Maritime Organisation
ITTC	Internationale Konferenz der Versuchsanstalten	International Towing Tank Conference
LNG	Flüssiges Erdgas	Liquid Natural Gas
MCR	Maximale Dauerleistung der Maschine	Maximum Continous Rating of Ship Engine
MDO	Dieselöl	Marine Diesel Oil
MHR	Mittlere Rumpfrauhigkeit	Mean Hull Roughness
NCR	Normalleistung der Schiffsmaschine (ca.90% MCR)	Normal Continous Rating of Ship Engine
PDMS	Polydimethylsilikon-Verbindung (Silikon)	Polydimethylsilicone
PDMDPS	Polydimethyldiphenylsilikon-Verbindung (Silikonöl)	Polydimethyldiphenylsilicone
PPM	Teilchenanzahl pro Million	Parts per Milion
PTFE	Tetrafluoroethylene (Teflon)	Tetrafluoroethylene
RoRo	Fahrzeugtransport-Schiff	Car Carrier „Roll on Roll off"
RPM	Umdrehungen pro Minute, Drehzahl	Revolutions per Minute
Sa	Norm-Reinheitsgrad beim Sandstrahlen	Norm of Quality of Sandblasting
SCOC	Spezifischer Zylinderölverbrauch	Specific Cylinder Oil Consumption
SFOC	Spezifischer Brennstoffverbrauch	Specific Fuel Oil Consumption
SLR	Geschwindigkeits-Längen-Zahl	Speed Length Ratio
SO2	Schwefeldioxid	Sulphur Dioxide
SOG	Geschwindigkeit über Grund	Speed over Ground
SPC	Selbstpolierender Antifouling	Self Polishing Copolymer
TBT	Organozinnverbindung	Tributyltin
TC	Abkürzung für Zeitcharter	Time Charter
TEU	20' Container Einheit	Twenty Foot Equivalent Unit
TU	Lokale Reparaturstelle	Touch Up
VOC	Flüchtige Organische Verbindungen	Volatile Organic Compound

9.3 Begriffsdefinition
(Index of terms)

Durch die zunehmende Globalisierung sind die Schiffahrt und auch die Sprache der Schiffahrt international geworden. Nach wie vor werden Begriffe in der Literatur in jeweiliger Sprache vertreten bleiben. In der freien Marktwirtschaft tritt vor allem die englische Sprache immer stärker in Erscheinung. Herstellerbroschüren, interne Kommunikation zwischen den Reedereien, Schiffen, Agenten und Lieferanten sind überwiegend in Englisch.
In der folgenden Sammlung von Begriffen sollen diese nicht nur kurz definiert werden, um als kleines Nachschlagwerk zu dienen, sondern auch als „*(Klammerausdruck-kursiv)*" die Übersetzung ins Englische zu liefern.

ablativ (*ablative*): Eigenschaft etwas durch Schmelzen, Erosion, Tauen etc. in die Umgebung abzugeben

Absorption (*absorption*): Aufnahme durch Organismen von Substanzen aus der Umgebung durch Zellwände, Kiemen, Darm etc.

Adhäsion, Haftung (*adhesion*): Im physikalischen Sinn die Haftwirkung zwischen den Oberflächen zweier verschiedener Körper; Adhäsion kommt durch Adhäsionskräfte zustande, das sind molekulare Wechselwirkungen an den Kontaktflächen

Antifouling, **Antifoulant, bewuchshemmender Anstrich** (*antifouling*): Ein Unterwasser-Anstrich der Bewuchs von pflanzlichen und tierischen Organismen verhindern soll

Applikation, applizieren (*application*): (Auftragung, Einsatz, Anwendung) hier: das Anbringen eines Anstriches

Bewuchs (*fouling*): Bezeichnung für Mikro- und Makroorganismen die meerestechnische Konstruktionen als Hartbodensubstart zur Ansiedlung benutzen; bewuchsbildende Organismen können tierische, pflanzliche aber auch ein- und wenigzellige Organismen oder Bakterien sein

Bioakkumulation, **biologische Affinität** (*bioaccumulation*): Bezeichnet die Eigenschaft/Fähigkeit (beispielsweise von Chemikalien) von aquatischen Organismen direkt aus dem Wasser aufgenommen zu werden und sich in ihnen anzulagern

Biozide (*biocide*): Wirkstoffe die explizit toxisch sind; deren Wirkung nicht allein auf abstoßenden Effekten beruht

Biomonitoring (*biological monitoring*): Ist eine Methode lebende Organismen als „Sensoren" im Wasser/Sediment zu beobachten und durch deren Veränderungen und Verhalten Umweltveränderungen qualitativ bewerten zu können

CDP, ablativer Anstrich (*Controled Depletion Polymer, ablative coating*): Harzbasierter Anstrich der durch wasserlösliche Substanzen Biozide in das umgebende Wasser abgibt; die Trägermatrix selbst bleibt weitgehend erhalten und verhindert so weitere Biozidabgabe, zudem steigert sie die Rauhigkeit der Oberfläche; nicht selbstglättend [Kap. 2.6.1].

ANHANG *BEGRIFFSDEFINITION*
(Index of terms)

Charter (*charter*): Charter bezeichnet die zeitweilige Überlassung eines Schiffes gegen die Entrichtung einer Nutzungsgebühr (Charterrate); Charterer ist der Mieter eines vom Eigner (Vercharterer) zur Verfügung gestellten Schiffes; je nach Chartervertrag ist das Schiff bemannt, unbemannt, inklusive oder exklusive Brennstoff etc.

Dockung, Trockendockung (*dry docking*): Bedeutet die planmäßige Trockenstellung eines Frachtschiffes im Rahmen von internationalen-, flaggenstattlichen- und Klassevorgaben; im Zuge einer Dockung kann es zu Klassenerneuerung kommen, sofern dies erforderlich und sinnvoll ist

Endanstrich, Top-coat, Oberanstrich (*top-coat*): Die letzte Schicht eines Schiffsunterwasseranstriches, die im direkten Kontakt zu Wasser steht

Erneuerungsanstrich, Renewall, (*repainting, renewall-application*): Eine Erneuerung des Unterwasseranstriches

FRC: siehe **Silikonfarbe [Kap. 4]**

Freisetzungsrate (*leaching rate*): Die Rate in welcher ein Biozid aus dem Antifouling in das Wasser abgegeben wird (in Gewicht in [μg] pro Fläche in [cm^2] pro Zeit in Tagen [d])

Freisetzungszone, Aktive Zone (*leached layer*): Eine bestimmte Farbdicke (ca. $20 \mu m$ bei SPC) aus der Substanzen (Biozide) austreten können

Hydrographie (*hydrography*): Geographische Gewässerkunde, Lehre von Erscheinungsformen, Eigenschaften, Vorkommen, Verbreitung und Haushalt des Wassers über, auf und unter der Erdoberfläche

Hydrolyse (*hydrolysis*): Chemische Reaktion der Spaltung einer Verbindung in Einzelkomponenten bei Kontakt mit Wasser

Hydrophilie (*hydrophilic*): (griechisch hydor: Wasser; philos: Freund, wörtlich: wasserliebend) Als hydrophil bezeichnet man Stoffe, die sich in Wasser bzw. anderen polaren, nicht aber in unpolaren Lösungsmitteln lösen; das gegenteilige Verhalten nennt man hydrophob

Imposex, Vermännlichung (*Imposex, superimposed sex*): Die Reaktion einiger Organismen (weibliche Artgenossen) auf giftige Substanzen mit Ausbildung männlicher Geschlechtsorgane mit daraus folgender Unfruchtbarkeit

Kopolymer (*copolymer*): Polymer, der aus mehreren Gruppen von Molekülen besteht, welche durch Polymerisation eine sehr ähnliche Makromolekülstruktur erreichen

Leistung, Hauptmaschinenleistung (*power*): Mit Leistung wird der Widerstand überwunden und das Schiff in Bewegung gesetzt; die erste Ableitung der Arbeit W nach der Zeit t ergibt die Leistung

Leistungsbedarf (*demand of power*): die Leistung, die unter gegebenen Bedingungen zum Einhalten einer bestimmten Geschwindigkeit benötigt wird

ANHANG   *BEGRIFFSDEFINITION*
(Index of terms)

Leistungsmehrbedarf (*increased demand of power*): Leistungsdifferenz, die benötigt wird um ein Schiff mit einem Widerstandzuwachs bei konstanter Geschwindigkeit zu betreiben

Oberflächenspannung, freie Oberflächenenergie (*free surface energy*): ist die überschüssige Energie der Oberflächenmoleküle gegenüber der thermodynamisch-homogen eingeschlossenen Molekülen im Inneren der Struktur

Off-hire (Außerdienststellung): Außerdienststellung eines Schiffes für einen Charterer, so daß das kommerzielle Betreiben des Schiffes ausbleibt und die Charterrate gegenüber dem Vercharterer entfällt

Organozinnverbindungen, *TBT* (*Tributyltin, TBT*): Organozinne, Substanz die ab Mitte der 70er Jahre als Antifoulingbiozid eine dominierende Stellung hatte; immer noch ist ein Großteil der Welthandelsflotte mit *TBT*-Antifoulings versehen; wegen seiner hochgiftigen Eigenschaften gegenüber Organismen gilt für *TBT* ab 01.01.2003 das Applikations- und ab 01.01.2008 das Nutzungsverbot [Kap. 2.3]

Persistenz (*persistence*): in der Biologie die Eigenschaft von Stoffen, unverändert durch physikalische, chemische oder biologische Prozesse über lange Zeiträume in der Umwelt zu verbleiben; die große Stabilität der Stoffe führt bei weiterem Eintrag in die Umwelt zu Anreicherungen, die nach Aufnahme durch Organismen zu erheblichen
Schadwirkungen führen können

Renewall: siehe **Erneuerungsanstrich**

Repellent (*repelent*): Ursprünglich abschreckendes Mittel gegen Mücken. Repellents sind Substanzen die bestimmte Organismen abschrecken, abstoßen (hier: die Ansiedlung verhindern), sie allerdings nicht abtöten oder abschwächen

Sediment (*sediment*): Ablagerungen am Grund in einem Gewässer (Fluß, See, Meer, Ozean)

Silikonfarbe, Silikonbasierte Antihaftbeschichtung, *FRC* (*Foul-Release Coating*): Silikonbasierte Antihaftbeschichtung; neue Technologie; bisher biozidfrei [Kap. 4]

SPC, Selbstpolierendes Antifouling (*Self-Polishing Copolymer*): Ein erodierender Kopolymer-Anstrich, der vollständig wasserlöslich ist; im Gegensatz zu *CDP*-Systemen löst sich bei *SPC* auch die Polymermatrix auf, so daß die Oberfläche Schicht für Schicht bewuchsfrei und glatt bleibt [Kap. 2.6.2]

Spore (*spores*): Bezeichnet in der Biologie ein Entwicklungsstadium von Lebewesen, die ein- oder wenigzellig ist; Sporen dienen der ungeschlechtlichen Vermehrung, der Verbreitung, der Überdauerung, oder mehreren dieser Zwecke zugleich; Sporen werden vor allem von niederen Lebewesen wie Bakterien, Pilzen, Protozoen, Algen oder Moosen gebildet

TBT: siehe **Organozinnverbindungen**

Tie-coat: siehe **Untergrundanstrich**

Top-coat: siehe **Endanstrich**

Trocken-Dockung: siehe **Dockung**

Trockendock-Intervall (*dry-docking interval*): Ein zeitlicher, meist periodischer Abstand zwischen zwei Trocken-Dockungen; in der Handelsschiffahrt wird ein möglichst langes Trockendock-Intervall angestrebt, um Erlösausfälle während der Dockung zu minimieren; ein maximalles Dockungsintervall für Handelsschiffe beträgt 60 Monate, denn nach dieser Zeit ist eine Inspektion des Unterwasserschiffes zwecks Klassifizierung vorgeschrieben

Untergrundanstrich, Tie-coat, Sealer, Binder (*tie-coat, sealer*): Untergrundanstrich, der meist als Binder zwischen Antikorrosionanstrich und Endanstrich (top-coat) aufgetragen wird

Unterwasser-Inspektion, IWS (*In-Water survey, IWS*): Eine alternative Unterwasseruntersuchung der Schiffshülle, Ruder, Propeller etc. durch Taucher, um kostspielige Trocken-Dockung zu umgehen; von den Klassengesellschaften sind IWS anerkannt und erwünscht; bei Unterwasserinspektionen können leichtere Reparaturen und Arbeiten ausgeführt werden (das Reinigen der Außenhaut, das Polieren des Propellers, einfache Reparaturen)

Vercharterer: siehe **Charter**

VOC, Flüchtige Organische Verbindungen (*volatile organic compounds*): ist die Sammelbezeichnung für organische Stoffe, die aufgrund ihres hohen Dampfdruckes bzw. niedrigen Siedepunktes schnell verdampfen

Widerstand (*resistance*): Die Kraft, die überwunden werden muß, um ein Schiff in Bewegung zu setzen und bei gegebener Geschwindigkeit zu betreiben

Zusatzbiozide, Kobiozide (*booster biocides*): Ein industrieller Begriff für zusätzliche Biozide die neben dem Hauptgiftstoff einem erodierendem Anstrich beigemischt werden, um eine weitere Breite an Zielorganismen abzudecken

ANHANG *ABBILDUNGSVERZEICHNIS*
(Index of figures)

9.4 Abbildungsverzeichnis
(Index of figures)

Abb.1:	Seitenansicht: 2474 TEU Sub-Panmax-Schiff
Abb.2:	Seitenansicht: 5762 TEU Post-Panmax-Schiff
Abb.3:	Seitenansicht: 7500 TEU Post-Panmax-Schiff
Abb.4:	Schiffsrumpf mit sehr starkem Bewuchs
Abb.5:	Bewuchsrisiko in den Weltmeeren
Abb.6:	Probestreifen im indischen Tuticorin
Abb.7:	Vergleich der Proben aus Tuticorin und Fort Pierce
Abb.8 1):	Grünalge
Abb.8 2):	Entenmuscheln
Abb.8 3):	Miesmuscheln
Abb.8 4):	Seepocken
Abb.8 5):	Schleim-Diatome
Abb.8 6):	Manteltierchen und Röhrchenwürmer
Abb.9:	Übersicht über biozidhaltige Antifoulingsysteme
Abb.10:	Übersicht über biozidfreie Antifoulingsysteme
Abb.11:	Typische Dicke eines Leachinglayers beim ablativen Antifouling (CDP)
Abb.12:	Entstehungsprinzipien eines Leachinglayers beim ablativen Antifouling (CDP)
Abb.13:	Außenhaut mit einem komplett abgetragenen, für 36 Monate ausgelegten, CDP-Antifouling nach 50 Monaten im Betrieb
Abb.14:	Typische Dicke eines Leachinglayers beim selbstpolierenden Antifouling (SPC)
Abb.15:	Entstehungsprinzipien eines Leachinglayers beim selbstpolierenden Antifouling (SPC)
Abb.16:	Glättungseffekt beim selbstpolierenden Antifouling (SPC)
Abb.17:	Querschnitte durch die Anstrichschichten von CDP-, Hybrid- und SPC-Antifoulings
Abb.18 1):	Elektronenmikroskopische Aufnahme der Haifischhaut des großen weißen Hais
Abb.18 2):	Imitation der Haischuppen (Effekt der Reibungsminderung ca. 3,5%)
Abb.19:	Widerstandskurve
Abb.20:	Widerstandskomponenten für schiffbauliche und meerestechnische Konstruktionen
Abb.21:	Widerstandskomponenten nach Harvald
Abb.22:	Erscheinungsformen und –Ursachen von Außenhautrauhigkeit
Abb.23:	Propulsionskurve eines 7500-TEU- Containerschiffes als Trendlinie der Betriebspunkte aus P/n^3
Abb.24:	Unterteilung des Schiffes für eine Rauhigkeitsmessung nach BMT
Abb.25:	Ermittlung der mittleren Rumpfrauhigkeit (MHR) an einer Meßlänge
Abb.26:	Quantitative Häufigkeitsverteilung von MHR
Abb.27:	Brennstoffmehrverbrauch schneller Containerschiffe für verschiedene Anstrichtypen in Abhängigkeit von der Zeit: 1) für die Seiten des Schiffes, 2) für den Flachboden
Abb.28 1):	Widerstandszuwachs in Folge vom Schleimbewuchs ca. 1-2%
Abb.28 2):	Widerstandszuwachs in Folge vom Algenbewuchs bis zu 10%
Abb.28 3):	Widerstandszuwachs in Folge vom Muschelbewuchs bis zu 40%
Abb.29:	Versuche zur Turbulenzenreduzierung mit Fischhautschleim
Abb.30:	Strömung zwischen zwei Platten

ANHANG   *ABBILDUNGSVERZEICHNIS*
(Index of figures)

Abb.31:   Reibungswiderstandsbeiwert als Funktion von Reynoldszahl bei laminaren und turbulenter Strömung
Abb.32:   Schematische Darstellung der Stromlinien der beiden Strömungsarten
Abb.33 1):   laminare Strömung über einer ebenen Platte
Abb.33 2):   laminar-turbulenter Übergang über einer ebenen Platte
Abb.33 3):   turbulente Strömung in der Grenzschicht über einer ebenen Platte
Abb.34:   Parallelströmung um einen Zylinder
Abb.35:   Rauhigkeiten mit gleicher Höhe
Abb.36:   Rauhigkeitzusatzwiderstandsbeiwerte in Abhängigkeit von der durchschnittlichen Rauhigkeit
Abb.37:   Schematische Darstellung der Leistungs-Geschwindigkeitskurven nach Townsin
Abb.38:   Leistungs- /Brennstoffbedarfsteigerung bei Beibehaltung der Betriebsgeschwindigkeit als Funktion der Rauhigkeitszunahme
Abb.39:   Geschwindigkeitsverlust bei Beibehaltung der Leistung als Funktion der Rauhigkeitszunahme
Abb.40:   Verhältnis zwischen der Oberflächenenergie und der relativen Bio-Adhäsionskraft
Abb.41:   Wassertropfen auf einer Oberfläche mit geringer freien Oberflächenenergie
Abb.42:   Adhäsionskräfte einiger Bewuchsorganismen auf einer Silikon-Antihaftbeschichtung
Abb.43:   Seepocke an einer Silikonbeschichtung einer Schnellfähre nach 24 Monaten im Einsatz
Abb.44:   Silikonbeschichtete Testplatte nach 8 Jahren untergetaucht im Versuchsstand
Abb.45:   Rauhigkeitsverteilung einiger Oberflächen bei hochqualitativen Fertigungsverfahren
Abb.46:   Entstehungsprinzipien von Verwirbellungen in der Grenzschicht nah an der Körperwand in Abhängigkeit von der Rauhigkeit
Abb.47:   Profilogramm einer mit SPC beschichteter Aluminiumplatte
Abb.48:   Profilogramm einer mit FRC beschichteter Aluminiumplatte
Abb.49:   Gesamtwiderstandsbeiwert von drei unterschiedlichen Oberflächen über die Reynoldszahl
Abb.50:   Biozidfreie FRC-Beschichtung und biozidhaltiger CDP-Anstrich auf einem Tragflächenboot nach 24 Monaten im Einsatz
Abb.51:   Silikonaußenhaut eines Ro-Ro-Schiffes nach 61 Monaten im Einsatz vor dem Waschen
Abb.51:   Silikonaußenhaut eines Ro-Ro-Schiffes nach 61 Monaten im Einsatz nach dem Waschen
Abb.53:   Silikonaußenhaut eines LNG-Tankers nach 30 Monaten im Einsatz bis zur Hälfte gewaschen
Abb.54:   Trockendockintervalle heute und mit Silikonfarben angestrebte Trockendockintervalle in der Zukunft
Abb.55:   Reinigungsarbeiten einer Silikonbeschichtung nach 31 Monaten im Einsatz
Abb.56:   Reinigungsarbeiten einer Silikonbeschichtung nach 12 Monaten im Einsatz
Abb.57:   FRC-Außenhaut eines Marinebootes nach 23 Monaten im Einsatz
Abb.58:   Mechanische Beschädigungen im Bugbereich eines Kühlschiffes nach 70 Monaten im Einsatz
Abb.59:   Grünalgenbewuchs im Bereich der Wasserlinie an einem Car-Carrier nach 35 Monaten im Einsatz
Abb.60:   Farbabträge in Folge von Eisfahrten an einem Car-Carrier

ANHANG *ABBILDUNGSVERZEICHNIS*
(Index of figures)

Abb.61: Übersicht über die Vorteile der Umstellung auf eine Silikonbeschichtung
Abb.62: Kostenverteilung des Vercharterers am Beispiel eines 2825 TEU- Containerschiffes (2005)
Abb.63: Maschinenbetriebskosten pro Container pro Jahr
Abb.64-66: Ein mit Plastikfolie abgedecktes Schiff an dem Silikonfarbe aufgetragen wird
Abb.67: Aufbau für eine Silikonapplikation angeschaffter Farbpumpen
Abb.68: Leistungsmehrbedarfskurven für schnelle Containerlinienschiffe in Abhängigkeit von der Rauhigkeitszunahme
Abb.69: Aufbau einer Delphinhaut
Abb.70: Kostenvergleich für die Applikation als Neusystem auf einem 2500-TEU-Neubau*
Abb.71: Kostenvergleich für die Applikation als Neusystem auf einem 5700-TEU-Neubau*
Abb.72: Kostenvergleich für die Applikation als Neusystem auf einem 7500-TEU-Neubau*
Abb.73: Kostenvergleich für die Erneuerung des bestehenden Systems auf einem 2500-TEU-Schiff
Abb.74: Kostenvergleich für die Erneuerung des bestehenden Systems auf einem 5700-TEU-Schiff
Abb.75: Kostenvergleich für die Erneuerung des bestehenden Systems auf einem 7500-TEU-Schiff
Abb.76: Kostenvergleich bei der Umstellung des Farbsystems auf die Silikontechnologie auf einem 2500-TEU-Schiff
Abb.77: Kostenvergleich bei der Umstellung des Farbsystems auf die Silikontechnologie auf einem 5700-TEU-Schiff
Abb.78: Kostenvergleich bei der Umstellung des Farbsystems auf die Silikontechnologie auf einem 7500-TEU-Schiff
Abb.79: Brennstoffersparnisbeträge für ein 2500-TEU-Schiff
Abb.80: Brennstoffersparnisbeträge für ein 5700-TEU-Schiff
Abb.81: Brennstoffersparnisbeträge für ein 7500-TEU-Schiff
Abb.82: Ausschnitt des Hull Roughness Penalty Calculator mit Berechnungen für das 5700-TEU-Referenzschiff
Abb.83: Kosten-Nutzen-Betrachtungen für Mehrkosten einer Silikonbeschichtung und Brennstoffersparnisraten von 0,5-, 1- und 2% für einen 2500-TEU-Neubau*
Abb.84: Kosten-Nutzen-Betrachtungen für Mehrkosten einer Silikonbeschichtung und Brennstoffersparnisraten von 0,5-, 1- und 2% für einen 5700-TEU-Neubau*
Abb.85: Kosten-Nutzen-Betrachtungen für Mehrkosten einer Silikonbeschichtung und Brennstoffersparnisraten von 0,5-, 1- und 2% für einen 7500-TEU-Neubau*
Abb.86: Kosten-Nutzen-Betrachtungen für Kosten der Systemumstellung von CDP/SPC auf eine Silikonbeschichtung und Brennstoffersparnisraten von 0,5-, 1- und 2% für einen 2500-TEU-Containerschiff
Abb.87: Kosten-Nutzen-Betrachtungen für Kosten der Systemumstellung von CDP/SPC auf eine Silikonbeschichtung und Brennstoffersparnisraten von 0,5-, 1- und 2% für einen 5700-TEU-Containerschiff
Abb.88: Kosten-Nutzen-Betrachtungen für Kosten der Systemumstellung von CDP/SPC auf eine Silikonbeschichtung und Brennstoffersparnisraten von 0,5-, 1- und 2% für einen 7500-TEU-Containerschiff

ANHANG   *TABELLENVERZEICHNIS*
(Index of tables)

9.5 Tabellenverzeichnis
(Index of tables)

Tab.1:   *Referenzschiffe*
Tab.2:   *Hauptparameter der Referenzschiffe*
Tab.3:   *Persistenz einiger Substanzen in der Umwelt*
Tab.4:   *Die wichtigsten Eigenschaften verschiedener Antifouling-Technologien*
Tab.5:   *Überblick über die charakteristischen Widerstände bei FRC- und SPC-Anstrichen bei Untersuchungen von Candries*
Tab.6:   *Preisvergleich von Antifoulingfarben*
Tab.7:   *Preisliste einer chinesischen Vertragswerft für Außenhautbehandlung und Farbauftrag*
Tab.8:   *Übersicht der Kosten eines Farbherstellers für Neubau- und Erneuerungsanstriche*
Tab.9:   *Farbgewichte für SPC und FRC auf 3 Schiffsgrößen*
Tab.10:   *Übersicht über die Angaben verschiedener Quellen über den Brennstoffmehrbedarf auf Schiffen mit CDP- und SPC-Antifoulings gegenüber Schiffen mit FRC-Beschichtungen*
Tab.11:   *Preise für ein Farbneusystem*
Tab.12:   *Preise für die Erneuerung des bestehenden Systems*
Tab.13:   *Preise für die Umstellung eines bestehenden Systems auf eine Silikonbeschichtung*
Tab.14:   *Kosten-Nutzen-Vergleich für Neubaufarbsyteme*
Tab.15:   *Kosten-Nutzen-Vergleich für eine Systemumstellung ohne Sandstrahlen*
Tab.16:   *Kosten-Nutzen-Vergleich für eine Systemumstellung mit Sandstrahlen*

9.6 Literaturrecherche und Informationssammlung
(Literature research and operation breakdown)

Durch die breit gefächerte Problemstellung und die Aktualität der Problematik wurde die Informationssammlung in zwei Rechercheblöcken durchgeführt. Es wurde zum einen auf konventionelle Weise nach Literaturquellen vor allem an der *TU-Hamburg-Harburg* und an der *TU-Berlin* recherchiert. Dazu wurde das Informations- und Dokumentationssystem des Umweltbundesamtes *ULIDAT* (Umweltliteraturdatenbank) und *UFORDAT* (Umweltforschungsdatenbank) genutzt sowie die Datenbanken *COMPENDEX* und *FIZ*-Technik der *TU Hamburg-Harburg*. Über relevante Quellen ergaben sich aus deren Referenzangaben weitere Hinweise. Eine Reihe von Berichten und Artikeln in Fachzeitschriften lieferte ebenfalls einen umfangreichen Informationsfluß. Internetdatenbanken sowie Internetverlage wie *Taylor & Francis Group* u.a. wurden nach bedeutenden Publikationen und Informationen durchsucht. An dieser Stelle vielen Dank der Reederei *E.R.Schiffahrt GmbH & Cie* für die zur Verfügungsstellung von Mitteln für die zum Teil sehr kostenintensiven Veröffentlichungen.

Die Informationsquellen des Internets wurden auch direkt nach Schlüsselwörtern wie: *TBT, Fouling, Biofouling, Antifouling, Foul-Release, FRC, Antihaftbeschichtungen* etc. durchsucht.

Weiterhin wurde eine Reihe von Veranstaltungen, Informationsabende vom sowie Herstellerpräsentationen und Vorträge besucht. Daraus ergaben sich meist nicht nur ein direkter Informationsfluß aus der Veranstaltung, sondern auch interessante Gespräche, Diskussionen und Kontakte, die teilweise entscheidend zu einigen Ausarbeitungen geführt haben. Des weiteren wurde der direkte Weg der Kontaktaufnahme mit Herstellern, Reedereien und Forschungszentren genutzt, um weitere detaillierte Informationen zu erhalten.

9.7 Danksagung
(Acknowledgment)

An dieser Stelle möchte ich allen danken, die mich bei der Erstellung dieser Arbeit unterstützt haben. Mein erster Dank geht an Herrn Willem Dekker, Herrn Claus Tantzen und Herrn Marc Elsholz von E.R.Schiffahrt GmbH & Cie. KG die mir im Rahmen eines praxisgebundenen Projektes den Anstoß für die Thematik gegeben haben. Der Reederei möchte ich sowohl für die finanzielle Unterstützung sowie für die zur Verfügungstellung von Informationen und Arbeitsmitteln herzlich danken. Herrn Felix Fliege von der Technischen Universität Berlin danke ich ganz besonders. Mit seinem tiefgründigen Fachwissen und seiner praktischen Hilfsbereitschaft stand er mir jederzeit tatkräftig bei.

Auch bei den Mitarbeitern der Reederei E.R.Schiffahrt, insbesondere bei Herrn Frank Burfeindt (*Marine Operations*), Herrn Lutz Menzel und Herrn Sascha Dinnies (*Procurement*), Herrn Rainer Giertz (*Dockings*), Herrn Waldemar Karniewicz (*Quality & Nautical Department*), Herrn Hans Huisman (*Newbuildings*) und Herrn Holger Schönhoff (*Fleet Management*) möchte ich mich ganz herzlich bedanken. Durch ihre tatkräftige Unterstützung und die vielen detaillierten Informationen haben sie diese Ausarbeitung lebendiger gemacht. Des weiteren haben sie auch immer ein offenes Ohr für meine Vorschläge gehabt und sind stets mit Rat und Tat auf meine Fragen eingegangen, was mich täglich aufs neue motiviert hat.

Ein besonderes Dankeschön gilt auch den vielen weiteren Personen und Firmen, die mit Publikationen, Material oder konstruktiven Gesprächen zum Umfang dieses Buches beigetragen haben. Ohne der Beiträge dieser Personen hätte diese Ausarbeitung viel von ihren mannigfaltigen Qualitäten verloren. Ganz besonders möchte ich an dieser Stelle hervorheben:

Herrn Prof. Anderson	University of Newcastle upon Tyne, England
Herrn Borstad	Hoegh Fleet Services, Norwegen
Frau Breuch-Moritz	Bundesministerium für Verkehr, Berlin
Herrn Brown	Akzo Nobel -International Paint Ltd., Tyne and Wear, England
Herrn Dr. Candries	Marine Technology, Newcastle upon Tyne, England
Herrn Fliege	Institut für Land und Seeverkehr, Technische Universität, Berlin
Herrn Gerber	Fleet Management, Happag-Lloyd Reederei, Hamburg
Herrn Grabe	Hempel Germany GmbH, Pinneberg
Frau Höppner	Germanischer Lloyd, Hamburg
Frau Prof. Dr. Kesel	FB Schiffbau, Fachrichtung Bionik, Hochschule Bremen
Herrn Kim, Joong-Gyu	Hyundai Mipo Dockyard, Ulsan, Südkorea
Herrn Kolle	Marine Technology Research Institut -Marintek, Norwegen
Herrn Prof. Dr. Rechenberg	FB Bionik und Evolutionstechnik, Technische Universität, Berlin
Herrn Töbke	International Paint Ltd., Börnsen
Herrn Vold	Det Norske Veritas, Norwegen
Herrn Wallentin	Jotun Coatings, Norwegen
Herrn Dr. Watermann	LimnoMar -Labor für aquatische Forschung, Hamburg
Herrn Weißflog	P&O Nedlloyd, Blue Star Reederei, Hamburg
Herrn Zeppenfeld	Chugoku Marine Paints, Hamburg.

Zudem möchte ich Herrn Hoppe vom Salzwasserverlag für die technische Umsetzung sowie meinen geduldigen Korrektoren für ihre Lektorierung danken. Den hier nicht erwähnten Freunden danke ich, daß sie mir trotz weniger gemeinsamer Zeit treu geblieben sind. Mein abschließender Dank geht an meine Eltern für ihren Glauben an mich und ihre Unterstützung bei der Entwicklung meiner vielfältigen Fähigkeiten. Ein zutiefst liebevolles Dankeschön geht an meine Tochter Livia, die mich mit ihrer kindlichen Manier stets mit Lebensfreude und Motivation beschenkt.

10. Literatur- und Quellenverzeichnis
(References)

[1] Eliasson,J. (2003): *Economics of Coatings / Corrosion Protection of Ships.* Lloyd's List Conference: Prevention and Management of Marine Corrosion, London April 2003
[2] Lunn,I. (1974): *Antifouling: A Brief Introduction to the Origins and Development of the Marine Antifouling Industry.* BCA Publications, Thame.
[3] Holström,C., Kjelleberg,S. (1994): *The Effect of external biological factors on settlement of marine invertebrate and new antifouling technology.* Biofouling 8, 1994, S.147-160
[4] Anderson,C. (2000): *Antifouling: Regulatory and Technical Update.* Lecture at the University of Newcastle upon Tyne, Newcastle upon Tyne, Dezember 2000
[5] Laufer,R., (2002): *Erfahrungen der Reederei Interscan mit Antifouling,* Tagungsband der WWF 2002: TBT-freie Antifoulinganstriche für die Seeschifffahrt, Juni 2002 Hamburg.
[6] Jotun Paints (1997): *Coating an Inspection Manual,* Jotun Marine Coatings, Preutz Grafisk AS, Larvik Norway
[7] Callow,M., Callow,J., Chaudhury,M., Finlay,J., Young Chung,J., (2004): *The influence of elastic modulus and thickness on the release of the soft-Fouling green alga Ulva linza (syn Enteromorpha linza) from poly(diamethalsiloxane)(PDMS) model networks,* Taylor & Francis, Biofouling, 2005; 21(1), pp.41-48
[8] Chapman,R. (2002): *Selecting a suitable tin-free antifouling – How ship operators can learn from the Japanese experience,* WWF Tagungsband, Hamburg 2002
[9] Lewis,J.A. (2003): *Ship Trials with Biocide-Free Antifouling Paints in Australian Waters,* Defence Science & Technology Organisation, Australian Government, Präsentation in Osnabrück 2003
[10] Hempel GmbH, (1998): *Research and Development, Fouling Organisms,* Hempel's SP-ACE Antifouling Concept, Chapter.10.1, März 1998
[11] Rittschof,D., Forward,R, Cannon,G., Welch,J., McClary,M., McKelvey,L., Holm,E., Clare,A., Bryan,P., Conova,S., vanDover,C., (1998): *Cues and context: Larval responses to physical and chemical cues,* Biofouling, 12 1-3, S.31-44, 1998
[12] Hayward,P., Ryland,J. (1995): *Handbook of the marine fauna of North-West Europe,* Oxford University Press, Oxford 1995
[13] Southward,A., Crisp,D. (1963): *Catalogue of main marine fouling organism.* Organisation de Cooperation et de Developpment Economicues, OECD Paris 1963
[14] Christiaen,A.C. (1998): *Evaluation of the durability of elastomeric easy-release coatings.* Dissertation of Virginia Polytechnic Institute and State University, Blacksburg 1998
[15] Craig,P. (1986): *Organometallic compounds in the environment.* Chapter Organotin in the environment, S.111-159, 1986
[16] Anonymus (2002): *Barnacle bill just got higher.* Article from TankerOperator & TankerTrends, pp.12-14, Maritime Content Ltd, April 2002, www.tankeroperator.com
[17] Isensee,J., Watermann,B., Berger,H.-D. (1994): *Emissions of Antifouling-Biozides into the North Sea- an Estimation.* Deutsche Hydrographische Zeitung, Bd.46, S 355-364, 1994
[18] Abbott,A., Abel,A., Arnold,D.W., Milne,A. (2000): *Cost-benefit analysis of the use of TBT: the case for a treatment approach.* Taylor & Francis, Vol 19, Supplement 1, 2003
[19] Oehlmann,J., Schulte-Oehlmann,U., Bachmann,J., Oetken,M., Tillmann,M. (2003): *Hormonähnlich wirkende Umweltchemikalien –Biomonitoring und Effekte auf aquatische Organismen,* Präsentation Univ. Frankfurt
[20] Wheater,P. (2002): *Coats that change sex,* Artikelbericht Marine Scientist, Winter 2002/2003
[21] Cameron,P. (1998): *TBT-Belastung der Küstensedimente in Nord- und Ostsee und ihre hormonellen Auswirkungen aus Meeresschnecken.* Studie Meeresumweltschutz der Umweltstiftung WWF-Deutschland, Satz & Druck im Zentrum, Bremen 1998

LITERATUR- und QUELLENVERZEICHNIS
(Literature and references)

[22] Anderson,C., Atlar,M., Callow,M., Candries,M., Milne,A., Townsin,R. (2003): *The development of foul-release coatings for seagoing vessels*, Journal of Marine Design and Operations No.B4, September 2003

[23] Kätscher,R., Ranke,J., Bergenthal,M., (1999): *Vorstudie zum Bewuchsschutz für Seeschiffe*, im Auftrag des Senators für Umweltschutz der Freien Hansestadt Bremen, Jan.1999

[24] Anonymus, The Council of the European Communities (1989): *Council Directive 89/677/EEC of 21 December 1989*. Official Journal of the European Communities, L 398:19-23, 1989

[25] Ranke,J. (2001): *Ecotoxicological Risk Profiles of Chemicals -Concept and Application to Antifouling Biocides*, Dissertation Universität Bremen im FB Biologie/Chemie Sept.2001

[26] International Coatings Ltd. UK (2004): *Antifoulings- The Legislative Position Key Points Summary*. Update February 2004, International Coatings Ltd UK / International Paint Inc, 2004

[27] Senda,T., Miyata,O., Kihara,T. Yamada,Y. (2003): *Inspektion Method for the Identification of TBT-containing Antifouling Paints*. Taylor & Francis, Vol.19, Suppl. 1/2003

[28] Watermann,B., Weaver,L., Hass,K. (2004): *Machbarkeitsstudie für neue Umweltzeichen nach DIN EN ISO 14024 zu ausgewählten Produktgruppen, Teilvorhaben 3: Biozidfreie Antifouling (AF)-Produkte*, ISSN 0722-186X -Umweltbundesamt Berlin, Dezember 2004

[29] Matias,J.R., Rabenhorst,J., Mary,A., Lorilla,A.A. (2003): *Marine Biofouling Testing of Experimental Marine Paints: Technical Considerations on Methods, Site Selection and Dynamic Tests*, Poseidon Sciences Group, New York, Okt. 2003, www.poseidonsciences.com

[30] Arendt,H., Doose,J. (2003): *Experience with Silicone Coatings on Frigate „Mecklenburg Vorpommern"*, Bundeswehr Technical Centre For Ships and Naval Weapons WTD71, Präsentation in Osnabrück 2003

[31] Kolle,L. (2003): *AFS worldwide perfomance project. Status after 3 years' service*. Zwischenbericht *MARINTEK*, Overflatedagene 2003, Stavanger, Norway

[32] Daehne,B., Watermann,B., Haase,M., Michaelis,H., Isensee,J., Jakobs,R. (2000): *Alternativen zu TBT, Erprobung von umweltverträglichen Antifoulinganstrichen auf Küstenschiffen im niedersächsischen Wattenmeer*, Abschlußbericht Phase I, II, WWF-Deutschland, Umweltministerium Niedersachsen, Juni 2000

[33] Watermann,B., Haase,M., Isensee,J. (1998): *Einsatz von umweltfreundlichen Antifoulinganstrichen auf Fähren im schleswig-holsteinischen Wattenmeer*, Abschlußbericht zum Forschungsvorhaben, WWF-Deutschland und Ministerium für Umwelt, Natur und Forsten des Landes Schleswig-Holstein, 1998

[34] Watermann,B., Haase,M., Isensee,J., Sievers,S., Dannenberg,R., Rohweder,U., Bauer,O., Wohnout,R., (1999): *Alternativen zu TBT: Chemisch-analytische und ökotoxikologische Untersuchungen an bioziden Unterwasseranstrichen*, Abschlußbericht Umweltbehörde Hamburg und WWF-Deutschland, Dezember 1999

[35] Vol.I: Watermann,B., Daehne,B., Michaelis,H., Sievers,s., Dannenberg,R., (2000): *Performance of biocide-free antifouling-trials on deep-sea going vessels,Volume I: Application of test paints and inspections of 2000*, Deutsche Bundesstiftung Umwelt, 2000

[36] Vol.II: Daehne,B., Watermann,B., Wiegemann,M., Michaelis,H., Sievers,s., Dannenberg,R., Lindeskog,M., Heemken,O., (200*1*): *Performance of biocide-free antifouling-trials on deep-sea going vessels, Volume II: Inspections and new applications of 2001 and ecotoxicological aspects*, Deutsche Bundesstiftung Umwelt 2001

[37] Vol.III: Watermann,B., Daehne,B., Wiegemann,M., Sievers,s., Lindeskog,M. (2003): *Performance of biocide-free antifouling-trials on deep-sea going vessels, Volume III: Inspections and new applications of 2002 and 2003 and synopical evaluation of results (1998-2003)*, Deutsche Bundesstiftung Umwelt 2003

[38] Nygren,C., (2001): *TBT-Free Antifouling Paints: One Company's Experience*, Wallenius Lines, Antwerpen

[39] Jotun Coatings (2003): *The effect of leached layers of antifoulings*, Jotun Coatings, Tech. Information, Nov. 2003

LITERATUR- und QUELLENVERZEICHNIS
(Literature and references)

[40] Burghess,G.J., Boyd,K.G., Armstrong,E., Jiang,Z., Yan,L., Berggren,M., May,U., Piscane,T., Granmo,A., Adams,D.R. (2003): *The Development of a Marine Natural Product-based Antifouling Paint*, Taylor & Francis Group, Volume 19, Supplement 1 / 2003
[41] Steinberg.P. (2001): *Delisea pulchra and natural antifoulants*, Workshop on environmentally friendly marine coatings, October 2001, Göteborg, Sweden
[42] Interntional Marine Coatings (2004): *Antifoulings Products and technology guide*, Technical Data Sheets, International Marine Coatings, November 2004
[43] Anderson,C.D. (2004): *TBT Free Antifoulings and Foul Release Systems*, International Paint Ltd., Technical Information Antifoulings, November 2004
[44] Anonymus (1996): *Technical Guidance Document in Support of Commission Directive 93/67/EEC on Risk Assessment for New Notified Substances and Commission Regulation (EC) No 1488/94 on Risk Assessment for Existing Substances*. Office for Official Publications of the European Communities, Luxembourg, 1996.
[45] Freitag,D., Geyer,H., Kraus,A., Viswanathan,R., Kotzias,D., Attar,A., Klein,W. (1982): *Ecotoxicological profile analysis vii. screening chemicals for their environmental behaviour by comparative evaluation*. Ecotoxicology and Environmental Safety, 6:60–81 (1982)
[46] Watermann,B., Daehne,B., (2002): *Was kommt nach dem TBT-Verbot Alternativen für die Großschifffahrt*, LimnoMar, Hamburg-Norderney
[47] Berendsen,A.M., (1998): *Schiffbeschichtungen: Aktuelle Verfahren und Systeme in Europa*. Protective Coatings Europe, pp. D1-D12, September 1998
[48] Watermann,B., (2001): *Performance of biozide-free antifouling paints*, Vol.1, Editor: World Wide Fund for Nature (WWF) Deutschland.
[49] Leya,T., Rother,A., Müller,T., Fuhr,G., Gropius,M., Watermann,B. (1999): *Electromagnetic Antifouling Shield (EMAS) – A Promising Novel Antifouling Technique für Optical Systems*, 10th International Congress on Marine Corrosion and Fouling, Melbourne, Feb.1999
[50] International Paint Ltd. (2004): *Antifouling product and technology guide*, www.internationalmarine.com
[51] Köhler,W., Sahm,K.F. (1976): *Investigations into the Use of Ultrasonic to Prevent Marine Fouling*. Proccedings Interocean, Düsseldorf, S. 827-834, 1976
[52] Bott,T.R. (2000): *Biofouling control with Ultrasound*. Taylor & Francis, Volume 21, Number 3 / July 2000
[53] Anonymus (2005), Firma Clean Seas: *BarnaClean*, Jacksonville, Florida, USA, www.cleanseasco.com
[54] Liedert,R., Kessel,A. (2004): *Bionik: Innovationen aus der Natur „Antifouling nach biologischem Vorbild"*, BMBF-Projekt am Fachbereich Bionik, Hochschule Bremen
[55] Rechenberg,I. (2005): *Methoden der Widerstandsminderung in der Natur, Wie schnelle Wassertiere Energie sparen*, Vorlesung Bionik I WS 2004/2005, Technische Universität Berlin, Berlin 2005
[56] Anonymus, (2002): *Synthesebericht Antifoulings und Kühlwassersysteme*, Internationale Kommission zum Schutz des Rheins (IKSR), Bericht Nr.132-d, Koblenz, November 2002
[57] Harvald,S.A. (1983): *Resistance und Propulsion of Ships*, Willey – Interscience Publication, New York 1983.
[58] Guldhammer,H.E., Haarvald,S.A. (1974): *Ship Resistance, Effect of Form and Principal Dimensions*, Akademisk Forlag Copenhagen, Kopenhagen 1974
[59] Krüger,J. (1976): *Handbuch der Werften*. Bd. XIII, Hansa 1976
[60] Holtrop,J., Mennen,G.G.J. (1982): *An approximate power prediction method*, International Shipbuilding Progress Vol. 29, 1982
[61] Holtrop,J. (1984): *A statistical re-analysis of resistance and propulsion data*, International Shipbuilding Progress Vol. 32, 1984
[62] Birk,L. (2002): *Schiffshydrodynamik Vorlesungsunterlagen*. Skriptunterlagen zur Schiffshydrodynamik, Technische Universität Berlin, Berlin 2002
[63] Clauss, G., Lehmann, E., Östergaard, C. (1988): *Meerestechnische Konstruktionen,* Springer Verlag Berlin-Heidelberg 1988

LITERATUR- und QUELLENVERZEICHNIS
(Literature and references)

[64] Schneekluth,H., Bertram,V. (1998): *Ship Design for Efficiency and Economy,* Butterworth-Heinemann Verlag, 2nd Eidition, Oxford 1998
[65] Harries,S. (2000): *Schiffstheorie Vorlesungsunterlagen.* Skriptunterlagen zur Schiffstheorie, Technische Universität Berlin, Berlin 2000
[66] International Paint Ltd. (2004): *Hull Roughness Survey and how to carry them out,* Technical Paper International Paint Ltd, BMT SeaTech Ltd.
[67] Elsholz,M. (2004): *Entwicklung und Erprobung eines für den Bordgebrauch geeigneten Verfahrens zur Abschätzung des Kraftstoffverbrauchs seegehender Containerschiffe,* Diplomarbeit Seeverkehr, Institut für Schiffs- und Meerestechnik, Technische Universität Berlin, Januar 2004
[68] Townsin,R.L. (2000): *Calculating the Cost of Marine Surface Roughness on Ship Performance.* TBT Free Antifoulings and Foul Release Systems- Publikationen, Akzo Nobel, August 2003
[69] Anderson,C., (2004): *Protection against Fouling,* Protection of Ships, Lecture 2/3, Präsentation von International Paint (i.V Rayner,A.) bei Nautischen Inspektorenkreis (NTIK), September 2005
[70] ITTC, (1978): 15th International Towing Tank Conference 3.-10.Sept.'78, The Hague, Proceedings Part 1 (Formel von Bowden und Davidson, S.388), September 1978
[71] Townsin,R.L., Byrne,D., Milne,D., Stevensen,A., (1980): *Speed, Power and Roughness: Economic of Outer Bottom Maintenace,* R.I.N.A., pp. 459-483, London 1980
[72] Rosen,M., Cornford,N. (1971): *Fludis friction of fish slimes,* Nature 234, 5, pp.49-51
[73] Baum,Ch., Siebers,D., Fleischer,L.-G., Meyer,W. (2004): *Eine Delfinhaut für Schiffe, Umweltneutrales Antifouling, Biologie in unserer Zeit,* Volume 34 / 5, Villey-VCH Verlag, Weinheim 2004
[74] Schlichting,H. (1987): *Boundary-layer Theory,* 2nd Edition (reprint from 1979), McGraw-Hill
[75] Lackenby,H. (1962): *Resistance of Ships, with Special Reference to Skin Friction and Hull Surface Condition,* Proceedings of the Institution of Mechanical Engineers Vol. 176 / 1962
[76] Rinvoll,A. (1981): *Protection of the Underwater Hull Surfaces,* Shipcare & Maritime Management, London: Intec Pr., July 1981
[77] Schneekluth,H. (1977): *Hydromechanik zum Schiffsentwurf,* Koehlers Verlag, 1977
[78] Grigson,Ch. (1987): *The Full-Scale Drag of Actual Ship Surfaces and the Effect of Quality of Roughness on Predicted Power,* Journal Ship Research, Vol. 31, No.3, September 1987
[79] Stinzing,H.-D. (1992): *Entwicklung eines praktikablen Verfahrens zur Bestimmung des Rauhigkeitswiderstandes von Schiffen,* Forschungszentrum des Deutschen Schiffbaus, Bericht Nr.240 / 1992, Hamburg
[80] Townsin,R.L. (2000) *Workshop- Calculating the Cost of Marine Surface Roughness on Ship Performance.* 32nd *WEGEMT* School, Marine Coatings, University of Plymouth UK, July 2000
[81] Watermann,B, Berger,H., Sönnichsen,H., Willemsen,P. (1997): *Performance and effectiveness of non-stick coatings in seawater.* Biofouling 11/2, S.101-118. 1997
[82] Candries,M., Atlar,M., Anderson,C.D., (2000): *Considering the use of alternative antifoulings: the advantages of foul-release systems,* Conference Proceedings *ENSUS 2000,* pp.88-95, Departments of Marine Technology and Marine Sciences, University of Newcastle-upon-Tyne, UK
[83] Haslbeck,E. (2003): *ASTM Methods für Efficiacy testing of Biocide-free Antifouling Paints,* Internatinonal Symposium Biocide-Free Antifouling Coatings, Performance, Prospects, Regulations, Osnabrück 2003
[84] Swain,G. (2003): *Performance of Biocide-Free Antifouling Paints,* Florida Institute of Technology, Melbourne, Biocide-free Antifoulings coatings Symposium, November 2003
[85] Hein,A., (2005): *Einfluss einer Antifouling-Beschichtung auf Silikonbasis auf den reibungsbedingten Widerstandsanteil bei seegehenden Schiffen,* Diplomarbeit, Technische Universität Berlin, 2005
[86] Hempel GmbH, (2005): *Hempasil- Hempel's silicone based fouling release,* Präsentation in Hause E.R.Schifffahrt GmbH (von Hr.Grabe,M.), Hamburg, November 2005
[87] Candries,M. (2001): *Drag, Boundary-Layer, and Roughness Characteristics of Marine Surfaces coated with Antifoulings.* Dissertation, University of Newcastle-Upon-Tyne, Marine Technology, December 2001

LITERATUR- und QUELLENVERZEICHNIS
(Literature and references)

[88] Candries,M, Atlar,M., Mesbahl,E, Pazouki,K. (2002): *The measurement of drag characteristics of Tin-free, Self-Polishing Co-Polymers and Foul(ing) Release coatings usind a rotor apparatus,* 11th Int. Congress on Marine Corrosion ans Fouling, San Diego, 21-26 July 2002
[89] ITTC (2002): *Reconsideration of the correlation of roughness and drag chractristics of surfaces coated with antifouling,* by Candries and Atlar, Proceedings of the 23rd ITTC, Vol III, S 662-667, Venice 2002
[90] Thomas,J., Choi,S.B., Fjeldheim,R., Boudjouk,P. (2004): *Silicones Containing Pendant Biocides for Antifouling Coatings,* Biofouling, Vol.20 4 / 5, Taylor & Francis Group, October 2004
[91] Waterman,B., Daehne,B., Sievers,S., Dannenberg,R., Overbeke,J., Klijnstra,W., Heemken,O. (2004): *Boiassays and selected chemical analysis of biocide-free antifouling coatings,* Elsevier, Chemosphere 60 (2005)
[92] Truby,K., Wood,C., Stein.J., Cella,J. Carpenter,J., Kavanagh,C., Swain,G., Wiebe,D., Lapota,D., Meyer,A., Holm,E., Wendt,D., Smith,C. (1999): *Evaluation of the Performance of Silicone Biofouling-release Coatings by Oil Incorporation,* General Electric Research and Development Center, Reportnumber 99CRD119
[93] Anonymus, (1997): *Nature of Discharge Report, Hull Coating Leachrate, National Discharge Standards (UNDS)* Defense and the Administration of the Environmenatal Protection Agency (EPA), US Navy 1997
[94] Candries,M., Atlar,M., Anderson,C. (2003): *Estimating the Impact of New-generation Antifouling on Ship Performance: The Presence of Slime,* Journal of Marine Enginering and Technology, No. A2, pp.13-22
[95] Hunter,J. (2003): *Prospect für Non-toxic Fouling Control Coatings,* CEPE-Präsenation beim Internatonal Symposium „Biocide-free Antifouling Coatings", Osnabrück, November 2003
[96] Hughes,D. (2005): *No end to coatings inflation,* Lloyd's Ship Manager, November 2005
[97] Schultz,M., Finaly,J., Callow,M., Callow,J. (2003): *Three models to relate detachment of low form fouling at laboratory and ship scale,* Biofouling 19S 17-26, 2003
[98] Stopford,M. (1992): *Maritime economics,* 3rd Edition, Routledge, London 1992
[99] Malchow,G., Schulze,D. (1992): *Güterverkehr über See, Ein Lehrbuch für Schiffahrtskaufleute,* Verband Deutscher Reeder e.V. und Zentralverband Deutscher Schiffsmakler e.V. Hamburg
[100] Linde,H. (1997): *Strukturen des Welt-Seegüterverkehrs,* Begleittext zur Lehrveranstaltung „Seeverkehr", Institut für Schiffs- und Meerestechnik, II.Auflage, TU-Berlin, Berlin, Dezember 1997
[101] www.iso14000.com, www.14001news.de
[102] Bettelhäuser,F., Ullrich,P. (1999): *Auf dem Weg zum sozial- und umweltverträglichen Schiff,* Projekt S.U.S der Universität Bremen, McCopy, Bremen-Vegesack, Juni 1999
[103] Atlar,M. (2002): *More than Antifouling,* University of Newcastle upon Tyne, UK, Exclusivbericht für International Marine Coatings, The Economic Condition of Hull Condition, Akzo Nobel 2003
[104] Townsin,R.L. (2003): *The Ship Hull Fouling Penalty,* TBT Free Antifoulings and Foul Release Systems, Publikationen, Akzo Nobel, August 2003
[105] Dalsin,J.L., Messersmith,P.B. (2005): *Bioinspired antifouling polymers,* Biomedical Engineering Department of Northwestern University, USA, ISSN 1369 7021, MaterialsToday, September 2005
[106] Townsin,R.L., Byrne,D., Svensen,T., Milne,A. (1986): *Fuel Economy due to Improvements in Ship Hulll Surface Condition 1976-1986,* International Shipbuilding Progress, 1986, 33 (No.383)
[107] MAN/B&W (2005): *Propulsion Trends in Container Vessel,* MAN/B&W Diesel A/S, Copenhagen, Denmark, January 2005
[108] MAN/B&W (2004): *Basic Principles of Ship Propulsion,* MAN/B&W Diesel A/S, Copenhagen, Denmark, April 2004
[109] Bundesministerium für Wirtschaft und Technologie (2001): *Vernetzungspotentiale innerhalb dermaritimen Wertschöpfungsketten am Schiffbau-, Seeschifffahrts- und Hafenstandort Deutschland,* Nov.2001
[110] Verband Deutscher Reeder (2005): *Seeschiffahrt 2005,* Jahresbericht, Hamburg, Dezember 2005
[111] Rechenberg,I.(2000): *Reibungsminderung im Spiegel der Evolution,* Skript-Vorlesung Bionik I WS 00/01, Widerstandsminderung bei schnellen Wassertieren, Technische Universität Berlin

LITERATUR- und QUELLENVERZEICHNIS
(Literature and references)

[112] Lackenby,H.(1952): *On the acceleration of ships*. Transactions of the Institution of Engineers and Shipbuilders in Scotland, Vol.95, Glasgow 1952

[113] Townsin,R.L., Svensen,T.E. (1980): *Monitoring speed and power for fuel economy*, Proc. Shipboard Energy Conservation '80 Conf. Society of Naval Architects and Marine Engineers, New York

[114] Schultz,M. (2002): *The Relationsship Between Frictional Resistance and Roughness Surfaces Smoothed by Sanding*, Journal of Fluids Engineering, Vol.124, S.499, Juni 2002

[115] Atlar,M., Glovar,E.J., Candries,M., Mutton,R.J. (2002): *The Effect of a foul release coating on propeller performance*, unpublished papers of C.D.Anderson (International Coatings Ltd.), 2002

[116] Daehne,B. (2003): *Performance of biocide-free antifouling paints -Trials on deep-sea going vessels-*, Results of 2000-2003, Präsentaion LimnoMar-Labor für maritime Forschung, Hamburg, 2003

[117] Porter,J. (2006): *Maersk pushes for dry dock revolution- Pilot project under way to prove modern coatings need less regular out-of-water inspections*, Lloyds List vom 06.Juni.2006, London, 2006

[118] International Farbenwerke GmbH (1995): *European legislation poses threat to continent's shiprepairers*, Propeller direct, Vol.2 Issue I, March/April 1995

[119] International Paint Ltd. (2004): *Coatings technology: Fouling*, Propeller, Issue 17, March 2004